大肠杆菌篇
Escherichia coli

Basic experimental principles
and techniques of
synthetic biology

合成生物学
基础实验原理与技术

牛福星　易弋　主编

化学工业出版社

·北京·

内容简介

合成生物学是生命科学发展过程中产生的一门综合性学科。其基本实验技术主要涉及基因工程、代谢调控、基因编辑等。本书就合成生物学研究常用实验对象——大肠杆菌进行系统性实验设计。按照合成生物学基础实验流程：菌株的感受态制备、琼脂糖凝胶的制备、核酸提取及验证、工具酶使用、载体构建、阳性转化子筛选、蛋白质表达及鉴定以及基因编辑实验流程进行编写。同时设置了相关的思考题以帮助读者进一步了解该实验。

书中对每一个实验的原理进行了清晰的描述，书中所展示的实验技术不同于传统的分子生物学技术，而是对数个博士实验常用技术改进并总结，包含更加便捷高效的实验技巧。本教材适合作为高等学校合成生物学、生物工程等专业的实验教材，也是初入合成生物学领域科研人员、教学工作人员不可多得的参考书。

图书在版编目（CIP）数据

合成生物学基础实验原理与技术. 大肠杆菌篇/牛福星，易弋主编. -- 北京 ：化学工业出版社，2024. 8（2024. 11重印）.
ISBN 978-7-122-45833-9

Ⅰ．Q503-33

中国国家版本馆CIP数据核字第2024GV2389号

责任编辑：王　琰　　　　　　　　装帧设计：韩　飞
责任校对：李　爽

出版发行：化学工业出版社
　　　　　（北京市东城区青年湖南街13号　邮政编码100011）
印　　装：北京建宏印刷有限公司
710mm×1000mm　1/16　印张9½　字数116千字
2024年11月北京第1版第2次印刷

购书咨询：010-64518888　　　　　　售后服务：010-64518899
网　　址：http://www.cip.com.cn
凡购买本书，如有缺损质量问题，本社销售中心负责调换。

定　　价：39.80元　　　　　　　　版权所有　违者必究

编写人员名单

主　编：

牛福星　　易　弋

副主编：

黄明月　　黄文艺　　龙秀锋　　钟英英

编写人员：

黄明月　　黄文艺　　龙秀锋　　牛福星

易　弋　　钟英英　　廖春燕　　佀再勇

黄　瑶　　黎　娅　　赵早亚

合成生物学是按照一定的规律和已有的知识，设计和建造新的生物零件、装置和系统，或重新设计已有的天然生物系统来为人类特殊目的服务的学科。

合成生物学取代传统生产方式的关键在于成本和效率。通过不断的科学研究和探索积累，科研人员发展了一系列高效的合成生物技术，以通过赋予生物体新的功能来达到特定目标。自 1953 年 Crick、Watson 发现 DNA 双螺旋结构及半保留复制开始，人们才逐渐开始认识到生物系统是可调控的。生物进行产物合成的基础在于其体内的代谢网络，代谢网络的运行需要借助各种酶的参与，所以生物反应过程的本质即为酶的催化。按照"中心法则"，经过基因的转录、翻译及折叠，形成具有不同构象的酶，从而催化不同底物。不同功能酶的催化可以产生不同种类和数量的微生物代谢产物。科研工作者们借助强大的底盘细胞进行异源功能酶的大量、高效表达，从而实现非本源物质的合成，造就了合成生物学的快速发展。据不完全统计，目前世界上 60% 的化合物可以通过生物合成实现。

生物合成关键在于有一个好的"思路"，而实现该目标的基础在于具备良好的实验操作技能。本书就目前实验室常用模式菌株大肠杆菌（*Escherichia coli*）的合成生物学基础实验进行系统性的归纳及总结。前后实验环环相扣，前一节的知识及实验成果为下一节实验做准备，实现连贯性操作。采用本书进行教学的工作人员不仅可以清晰地了解所需要准备的材料和设备，还可以通过本书所设计的实验流程，减少重复工作。

每节中列出主要使用的实验材料、试剂与设备。学生们通过本书的学习，可以掌握合成生物学基础实验技能。本书融入了大量科研实验技术和经验（已经被验证并发表），相比于传统的分子生物学技术更加高效。每节设置了实验注意事项及思考题，促进学生们更深入地了解相关实验。

本书的主要编者均是长期在生物科研一线工作的教师。本书编写过程中得到了中山大学刘建忠教授、华南理工大学黄明涛教授、广西大学韦宇拓教授以及广西科技大学伍时华教授的指导及指正，在此对他们表示衷心的感谢。

本书由广西科技大学教材建设基金、国家自然科学基金（No. 32260246）、中央引导地方科技发展专项基金（No. 22096007）、广西科技计划项目基金（No. AD22080011）资助出版，在此表示感谢。

尽管每位编者都细心努力地对本书进行审校及修正，但也难免出现不足之处，诚望各位读者批评指正。

编者

2024 年 9 月

目 录

▶ 第一章

感受态细胞的
快速制备及转化

▲▲▲▲▲▲▲

感受态细胞（competent cell）是指通过理化方法诱导细胞吸收周围环境中的 DNA 分子，使其处于最适摄取和容纳外来 DNA 的生理状态。常用的感受态细胞制备模式包括化学法和电转化法。

第一节
感受态细胞的化学法快速制备

一、实验目的

掌握感受态细胞的化学法快速制备流程。

二、实验原理

将快速生长的大肠杆菌置于经低温预处理的低渗氯化钙溶液中会造成细胞膨胀，同时钙离子会使细胞膜磷脂双分子层形成液晶结构，促使细胞外膜与内膜间隙中的部分核酸酶解离，在冷热变化刺激下液晶态的细胞膜表面会产生裂隙，使外源 DNA 进入（图 1-1）。

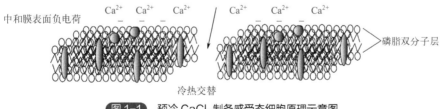

图 1-1　预冷 $CaCl_2$ 制备感受态细胞原理示意图

三、实验材料、试剂与设备

1. 实验材料

大肠杆菌 DH5α[F^- endA1 glnV44 thi-1 recA1 relA1 gyrA96 deoR nupG Φ80 dlacZ ΔM15 Δ（lacZYA-argF）U169]，50mL 对标离心管，1.5mL 离心管，18mm × 180mm 试管。

2. 试剂

$CaCl_2$ 溶液（100mmol/L）。LB 液体培养基。甘油 -$CaCl_2$ 存储液：利用 15mL/100mL 甘油溶液配 0.1mol/L $CaCl_2$ 溶液。

3. 设备

冷冻离心机，制冰机，摇床，分光光度计。

四、实验流程

① 挑取划线培养的大肠杆菌 DH5α 单菌落，置于装液量在 5mL 的 LB 试管中，37℃培养过夜。

② 按照 1mL/100mL 接种量将过夜培养的菌液转接于装液量在 50mL 的 250mL 摇瓶中，37℃、200r/min 继续培养至 $OD_{600} ≈ 0.35$。

③ 将培养液放置冰上，静置 10min，在此期间不定时摇晃菌体，使得摇瓶内菌液迅速均匀受冷。

④ 将菌液倒入可承液量 50mL 的离心管中，9000r/min，4℃离心 30s，然后慢慢地取出。于超净台内将上清液倒掉，加入 30mL $CaCl_2$ 溶液进行菌体重悬，然后在冰上静置 15min。

⑤ 以 9000r/min、4℃再次离心 30s，然后慢慢取出。于超净台内将上清液倒掉，再次加入 30mL $CaCl_2$ 溶液进行菌体重悬，然后在冰上静置 15min。

⑥ 以 9000r/min、4℃再次离心 1min，然后慢慢取出。于超净台内将上清液倒掉，加入 1mL 甘油 -CaCl$_2$ 存储液，重悬菌体后按照 80 ~ 100μL/ 管分装，并迅速放置 -70℃冰箱保存。

五、注意事项

① 除了单独使用 CaCl$_2$ 溶液之外，还可以利用预冷的 20mmol/L CaCl$_2$ 溶液和 80mmol/L MgCl$_2$ 溶液混合得到的混合溶液进行感受态细胞的处理，效果会更好。

② 菌体离心条件 9000r/min、30s，可以更换为 4500r/min、10min（只要保证收集菌体的同时不对其造成伤害均可）。

③ 从离心机中取出离心管时，尽量轻拿轻放，若出现菌体散乱、严重不聚集情况，可以再次重复快速离心操作。

④ 菌种培养过程不用实时取样测定（以免染菌），其间可以通过放置于手掌进行估测（在掌纹模糊时，OD$_{600}$ 约至 0.3）。

六、思考题

① 感受态细胞制备效率如何验证？

② 实验过程中的接种量可以设定为 2mL/100mL，或者更高吗？

③ 制备高转化效率的感受态细胞要点。

④ 如何简单验证感受态细胞染菌情况。

第二节
利用热激法制备的感受态细胞进行转化

一、实验目的

掌握利用热激法制备的感受态细胞进行转化的流程。

二、实验原理

DNA 带负电荷，细菌的细胞膜也带负电荷，两者相互结合需要克服 DNA 和细胞膜间的电荷排斥作用。Ca^{2+} 的存在可以用于中和 DNA 及细胞膜的负电荷，促进 DNA 与细胞膜上的脂多糖结合。化学感受态转化过程中涉及升温（至 42℃）。升高温度可以促使细胞膜上的脂质释放，形成孔隙（图 1-2）。在 DNA 进入细胞后，冰上冷却 2min 可以造成细胞膜上的脂质含量重新升高，增加细胞膜的流动性，孔隙消失。

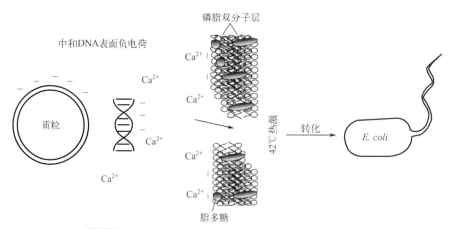

图1-2   利用热激法制备的感受态细胞进行转化的机理示意图

三、实验材料、试剂与设备

1. 实验材料

第一章第一节制备的冷冻感受态 *E.coli* DH5α 细胞，pQE30 质粒（pBR322 ori，Amp^r，T5 promoter），固体平板，涂布棒。

2. 试剂

LB 液体培养基。LB 固体培养基（1.2g/100mL 的琼脂粉 +LB 液体培养基）。100mg/mL 氨苄青霉素。

3. 设备

水浴锅（可调节到 42℃），摇床。

四、实验流程

① 从 -70℃冰箱内取出感受态细胞，于冰上解冻（约 3min），然后加入 2μL pQE30 质粒。

② 于冰上放置 30min 后，置于 42℃水浴锅中静置 90s，然后迅速取出，冰浴 5min。

③ 加入 300~500μL 复苏培养基，在 37℃、200r/min 条件下继续培养 45 ~ 60min。

④ 将复苏培养后的菌体在 4000r/min 条件下离心 30s，用移液器小心去除顶部溶液至管中剩余 100 ~ 200μL 溶液，用移液器重悬菌体后涂布在含有终浓度为 100μg/mL 的氨苄青霉素抗性平板。

五、注意事项

① 外源核酸加入量一般不超过感受态细胞量的 1/10。

② 新配制的感受态细胞，一般在 -70℃冷冻 12 ~ 24h 后再使用，效

果更佳。

③ 42℃热激时长可以设置为 45s 或 90s。

④ 加入的复苏培养基过多，可以在涂布之前 4000 ~ 5000r/min 离心 30s，去除部分上清液，然后进行菌体重悬涂布。

⑤ 复苏培养基常用 LB 液体培养基或 SOC 培养基（详见附录一）。

六、思考题

① 转化加入的质粒过多会出现什么情况？

② 热激温度必须是 42℃吗？能提高或降低吗？

第三节
感受态细胞的电转化法快速制备

一、实验目的

掌握感受态细胞的电转化法快速制备流程。

二、实验原理

感受态细胞的电转化法快速制备是通过借助电穿孔仪等设备产生的瞬时高压，使得细胞孔道增大实现的（图1-3）。其制备的关键点在于避免瞬时高压电击过程中金属离子等产生的负面影响，所以需要利用去离子水进行多次菌体的洗涤。

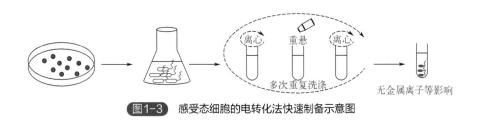

图1-3 感受态细胞的电转化法快速制备示意图

三、实验材料、试剂与设备

1.实验材料

E.coli DH5α [*F⁻ endA1 glnV*44 *thi-1 recA1 relA1 gyrA96 deoR nupG Φ80 dlacZ* Δ*M15* Δ（*lacZYA-argF*）*U169*]，50mL 对标离心管，1.5mL 离心管，

18mm×180mm 试管。

2. 试剂

无菌去离子水（预冷）。甘油保存液：10mL/100mL 甘油（用去离子水配制）。LB 液体培养基。

3. 设备

冷冻离心机，制冰机，摇床。

四、实验流程

① 挑取划线培养的大肠杆菌 DH5α 单菌落，至装液量在 5mL 的 LB 试管中 37℃培养过夜。

② 按照 1mL/100mL 接种量将过夜培养的菌液转接于装液量在 50mL 的 250mL 摇瓶中，37℃、200r/min 继续培养至 OD_{600} 达到 0.55。

③ 将培养液放置冰上，静置 10min，其间不定时摇晃菌体，使得摇瓶内菌液迅速均匀受冷。

④ 将菌液放置于 50mL 离心管中，9000r/min、4℃离心 30s，然后于超净台内将上清液倒掉，加入 30mL 无菌去离子水进行菌体重悬。

⑤ 于 9000r/min、4℃再次离心 30s，然后于超净台内再次将上清倒掉，重复步骤④的操作两次。

⑥ 加入 1mL 甘油保存液，重悬菌体后按照 80～100μL/ 管分装，并迅速放置 -70℃冰箱保存。

五、注意事项

① 在不注重转化效率的情况下，菌体生长 OD_{600} 的测定可以忽略。

② 菌体离心条件为 9000r/min、30s，可以更换为 4500r/min、10min。

③ 现做现用感受态细胞，可以不用加入甘油，而是直接用遇冷的去

离子水进行菌体重悬并分装。

④ 该感受态细胞的电转化法快速制备，同样适用于小批量操作，如利用 1.5mL 的离心管进行快速制备。

六、思考题

① 感受态细胞的电转化法快速制备过程为何要将 OD_{600} 提高至 0.55，为何与感受态细胞的化学法快速制备时的菌体浓度不同？

② 用无菌去离子水洗涤的目的是什么？可否更换为常用的无菌自来水？

第四节
利用电转化法制备的感受态细胞进行转化

一、实验目的

掌握利用电转化法制备的感受态细胞进行转化的流程。

二、实验原理

利用电转化法进行感受态细胞的转化通常是指借助电穿孔仪等设备，通过设置合理的参数使得电流作用于细胞表面，从而使细胞孔道增大，以容纳外源核酸进入过程。质粒等核酸物质由于细胞壁及细胞膜的限制无法进入细胞。电转化感受态细胞是借助电穿孔仪等设备进行瞬时高压，从而使得细胞孔道增大，以此允许外源核酸物质的转化（图 1-4）。

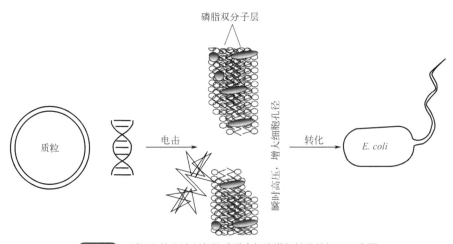

图1-4　利用电转化法制备的感受态细胞进行转化的机理示意图

三、实验材料、试剂与设备

1.实验材料

第一章第三节制备的冷冻电转化感受态 *E.coli* DH5α 细胞，pQE30 质粒（pBR322 ori，Amp^r，T5 promoter），电转化杯，1.5mL 离心管。

2.试剂

LB 液体培养基。LB 固体培养基（1.2g/100mL 琼脂 +LB 液体培养基）。100mg/mL 氨苄青霉素。

3.设备

电穿孔仪，摇床。

四、实验流程

① 实验之前，需提前将电转化杯取出，盖上盖子并放置于冰上预冷。

② 从 -70℃冰箱取出感受态细胞，于冰上解冻（约 3min），然后加入 2μL pQE30 质粒，混匀后转移至电转化杯中。

③ 调整电穿孔仪参数至 1.25kV 进行电击。

④ 电击后迅速取出，加入 700μL LB/SOC 培养基，然后用移液器吸出至新的 1.5mL EP 离心管中，37℃培养 1 ~ 3h。

⑤ 取适量复苏培养液涂布于含有终浓度 100μg/mL 氨苄青霉素的抗性平板。

五、注意事项

① 外源核酸加入量一般不超过感受态细胞体积的 1/10。

② 电转化杯多数可以重复使用，使用后用去离子水进行清洗，并浸泡在无水乙醇中。

③ 重复使用的电转化杯在进行电转化实验之前，需要提前取出倒立（去除乙醇），然后再放置冰上遇冷。

④ 加入的复苏培养基过多时，可以在涂布之前低速 4000 ~ 5000r/min 离心 30s，去部分上清液，然后进行菌体重悬后再涂布。

六、思考题

① 复苏培养基加入的量有要求吗？

② 利用电转化法制备感受态细胞可以进行后续第四章载体构建过程中连接产物的直接转化吗？

▶ 第二章

PCR 扩增及
琼脂糖凝胶核酸电泳技术

▲ ▲ ▲ ▲ ▲ ▲ ▲

聚合酶链式反应（polymerase chain reaction，PCR）是于体外进行核酸扩展的一项技术。涉及技术种类繁多，本章主要介绍了其中的常规的 PCR 扩增、重叠延伸 PCR 以及定点突变 PCR 技术。核酸包括 DNA 以及 RNA，其最为直接的鉴定方式便是核酸电泳技术。核酸电泳技术可通过外接电源形成电场，使得带电核酸物质进行移动，本章将介绍 PCR 技术、琼脂糖凝胶核酸电泳技术。

第一节
常规 PCR 技术

一、实验目的

红色荧光蛋白基因 *mCherry* 片段（713bp）的快速获取及鉴定。

二、实验原理

借助基因扩增仪，利用 DNA 聚合酶对单链实验材料进行识别，然后按照碱基互补配对原则进行 A 与 T、C 与 G 匹配以及链的 5′ 向 3′ 端延伸从而形成新的 DNA 双链。PCR 流程包括"变性 - 退火 - 延伸"（图 2-1）。

三、实验材料、试剂与设备

1. 实验材料

质粒 pZEA-mCherry（p15A ori，Amp^r，P37 promoter）。

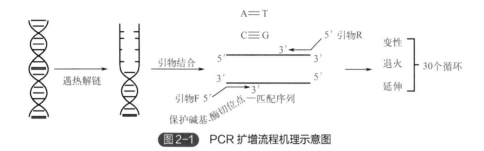

图2-1　PCR 扩增流程机理示意图

引物 mCherry-F（*Bam*H Ⅰ）：gtc<u>ggatcc</u>atggtttcaaaaggcgaag。

引物 mCherry-R（*Hin*d Ⅲ）：agt<u>aagctt</u>ttaatttgtacagttcatc。

mCherry 序列：

atggtttcaaaaggcgaagaagacaacatggcgattatcaaggaatttatgcgtttcaaggtccacatgga

aggcagcgtcaatggtcacgaatttgaaattgaaggcgaaggtgaaggccgtccgtatgaaggcacccagacg

gcaaaactgaaggtcaccaaaggcggtccgctgccgtttgcttgggatattctgtcaccgcaattcatgtatggttc

gaaagcgtacgttaagcatccggccgatatcccggactatctgaaactgtcctttccggaaggcttcaaatgggaa

cgtgttatgaacttcgaagatggcggtgtggttaccgtcacgcaggatagctctctgcaagacggtgaatttatttat

aaagtgaagctgcgcggcaccaatttcccgagcgatggtccggttatgcagaaaaagacgatgggctgggaag

cgagttccgaacgtatgtacccggaagacggtgccctgaaaggcgaaatcaagcagcgcctgaaactgaagga

tggcggtcactatgacgcagaagtgaaaaccacgtacaaggctaaaaagccggtccaactgccgggtgcatac

aacgtgaacatcaagctggatatcaccagccataacgaagactatacgatcgttgaacagtacgaacgtgcagaa

ggccgccactcggtaccggcggtatggatgaactgtacaaattaa。

2.试剂

金沙生物 S4 聚合酶 SF212（1.1×S4 Fidelity PCR mix）。

3.设备

PCR 仪，掌上离心机。

四、实验流程

① 设计引物：引物长度一般在 18 ~ 30bp，C+G 含量占比 45% ~ 55%，两端可添加酶切位点。

② 退火温度计算，可以简单按照 $T_m = 4 \times N_{(G+C)} + 2 \times N_{(A+T)} - 5$ 进行粗略计算，PCR 过程按照较低 T_m 数值的引物进行设定。

③ 引物设计过程中，3′ 端尽量避免出现连续碱基，同时 3′ 端最后一个碱基最好不要是 A，避免错配率增加。

④ 按照表 2-1 进行 PCR 扩展反应液的配制，并混匀。

表 2-1　PCR 扩增反应液的配制

组分	用量 /μL
模板（0.1 ~ 2μg/μL）	2
引物 F（10μmol/L）	2
引物 R（10μmol/L）	2
1.1 × S4 Fidelity PCR mix	44

⑤ 按照表 2-2 进行 PCR 扩增。

表 2-2　PCR 仪参数设置

循环步骤	温度 /℃	时间	
预变性	98	2min	
变性	98	10s	
退火	55	10 ~ 15s	30 个循环
延伸	72	（10 ~ 15s/kb）	
彻底延伸	72	5 ~ 10min	

五、注意事项

① 引物设计过程中提前加入 *Bam*HⅠ、*Hind*Ⅲ位点，方便后续利用该

位点进行载体构建。

② T_m 数值只是一个理论数值，如果两条引物 T_m 数值相差较大时，可以尝试统一在 55℃进行扩增，如果在进行后续的琼脂糖凝胶验证后发现有出现非特异条带再提高 T_m 数值。

③ S4 聚合酶属于高保真聚合酶，在片段较短的情况下可以更换成价格低廉的 Taq DNA 聚合酶。PCR 过程中除了需要聚合酶，还需要 dNTP（A、T、C、G）以及一些 Mg^{2+}、Mn^{2+} 等，目前商业化产品多数是将其进行了混合。

该实验过程中的 S4 聚合酶还可以更换为类似的商业酶，效果等同。

六、思考题

① PCR 过程中如果引物加入过多会出现什么现象？

② PCR 扩增如果出现非特异性条带当如何优化条件？

③ 为何在实际操作中 PCR 流程变性 - 退火 - 延伸会增设预变性以及彻底延伸流程？

第二节
重叠延伸 PCR 技术

一、实验目的

氯霉素抗性基因 *cm*（660bp）与红色荧光蛋白基因 *mCherry*（713bp）的快速连接。

二、实验原理

重叠延伸 PCR 技术，是采用具有互补末端的引物，使 PCR 产物形成重叠区域，从而在随后的扩增反应中利用重叠区域的碱基匹配进行重叠链的延伸，将不同来源的扩增片段进行拼接的技术（图 2-2）。

三、实验材料、试剂与设备

1. 实验材料

质粒 pZAC-mCherry（p15A ori，Cm^r，P37 promoter）。

引物 Cm-F：atggagaaaaaaatcactg。

引物 Cm-R：cttcgcctttttgaaaccatttacgcccccgccctgccac。

引物 mCherry-F：gtggcagggcggggcgtaaatggtttcaaaaggcgaag。

引物 mCherry-R：ttaatttgtacagttcatccat。

红色荧光蛋白 *mCherry* 序列同第二章第一节。氯霉素抗性基因 *cm* 序列如下：

atggagaaaaaaatcactggatataccaccgttgatatatcccaatggcatcgtaaagaacattttgaggcatt

tcagtcagttgctcaatgtacctataaccagaccgttcagctggatattacggcctttttaaagaccgtaaagaaaaa

taagcacaagtttatccggcctttattcacattcttgcccgcctgatgaatgctcatccggaatttcgtatggcaatga

aagacggtgagctggtgatatgggatagtgttcacccttgttacaccgttttccatgagcaaactgaaacgttttcat

cgctctggagtgaataccacgacgatttccggcagtttctacacatatattcgcaagatgtggcgtgttacggtgaa

aacctggcctatttccctaaagggtttattgagaatatgttttcgtctcagccaatccctgggtgagtttcaccagtttt

gatttaaacgtggccaatatggacaacttcttcgcccccgttttcaccatgggcaaatattatacgcaaggcgacaa

ggtgctgatgccgctggcgattcaggttcatcatgccgtttgtgatggcttccatgtcggcagaatgcttaatgaatt

acaacagtactgcgatgagtggcagggcggggcgtaa。

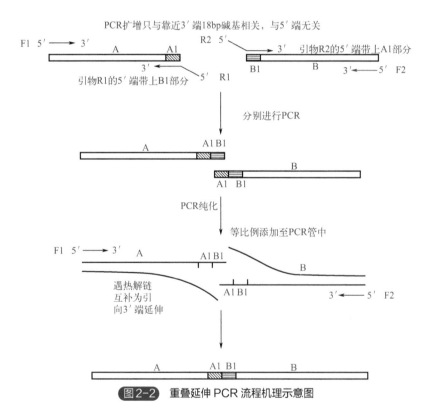

图2-2 重叠延伸 PCR 流程机理示意图

2.试剂

金沙生物 S4 聚合酶 SF212。

3.设备

PCR 仪，掌上离心机。

四、实验流程

① 设计引物 F1(Cm-F)、R1(Cm-R)、R2(mCherry-F)、F2(mCherry-R)。其中引物 F1 与 F2 按照通用 PCR 引物设计，引物大小在 18 ~ 25bp。

② 引物 R1、R2 设计分为两部分，3′ 端与实验材料碱基序列严格配对，长度按照通用 PCR 引物设计进行，长度约为 18 ~ 25bp；5′ 端引物与待连接片段的另外一端碱基序列互补配对，长度按照常规 PCR 引物进行，长度同样约为 18 ~ 25bp。

③ 引物 F1 与 R1 一组，引物 F2 与 R2 一组，首先按照第二章第一节常规 PCR 技术步骤，配制 PCR 扩增反应液（表 2-1）进行 PCR 扩增。

④ 利用第三章第三节 PCR 纯化技术进行产物回收并定量。

⑤ 各取上述两组核酸片段 100 ~ 200ng 混均，加入 20pmol/L 的引物 F1 及 20pmol/L 的引物 F2，T_m 设定为 55℃进行 PCR 扩增。

五、注意事项

① 引物 F1 设计长度在 18 ~ 25bp，引物 R1 设计长度在 2×（18 ~ 25）bp，其中 3′端引物与实验模板碱基序列配对，5′ 端与待连接片段末端碱基序列配对。

② 上下游引物长度不同情况下的 PCR 扩增，可以统一按照 T_m=55℃进行，或者按照上下游引物中低 T_m 数值进行，待后续 PCR 过程出现非特异性条带再逐步提高 T_m。

六、思考题

① 对于上下游引物，一条 18bp，另外一条 40bp，如何计算 PCR 扩增所用的 T_m 值？

② 进行第二次 PCR 过程中，需要先对第一次 PCR 的产物进行纯化，如果不纯化直接进行下一步实验会有什么影响？

第三节
定点突变 PCR 技术

一、实验目的

掌握利用引物进行 PCR 扩增实现定点突变技术流程。

二、实验原理

质粒中某碱基位点的突变，可以通过设计双向引物进行扩增，然后形成带缺口的环。通过再次导入到大肠杆菌体内，利用其自身的修复系统进行缺口补充，形成完整质粒（图 2-3）。

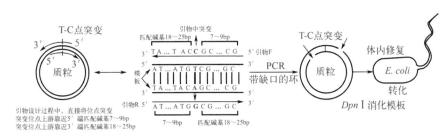

图 2-3　定点突变流程机理示意图

三、实验材料、试剂与设备

1.实验材料

质粒 pZAC-mCherry（p15A ori，Cm^r，P37 promoter，3015bp）。质粒

pZAC-mCherry 中红色荧光蛋白基因 *mCherry* 中间碱基对 A-T（加粗大写）突变为碱基对 C-G。PCR 管。

引物 -F：cgcagct**G**cactttataaataaattc。

引物 -R：taaagtg**C**agctgcgcggcaccaatttc。

mCherry 序列：atggtttcaaaaggcgaagaagacaacatggcgattatcaaggaatttatgcgtttcaaggtccacatggaaggcagcgtcaatggtcacgaatttgaaattgaaggcgaaggtgaaggccgtccgtatgaaggcacccagacggcaaaactgaaggtcaccaaaggcggtccgctgccgtttgcttgggatattctgtcaccgcaattcatgtatggttcgaaagcgtacgttaagcatccggccgatatcccggactatctgaaactgtcctttccggaaggcttcaaatgggaacgtgttatgaacttcgaagatggcggtgtggttaccgtcacgcaggatagctctctgcaagacggtgaatttatttataaagtg**A**agctgcgcggcaccaatttcccgagcgatggtccggttatgcagaaaaagacgatgggctgggaagcgagttccgaacgtatgtacccggaagacggtgccctgaaaggcgaaatcaagcagcgcctgaaactgaaggatggcggtcactatgacgcagaagtgaaaaccacgtacaaggctaaaaagccggtccaactgccgggtgcatacaacgtgaacatcaagctggatatcaccagccataacgaagactatacgatcgttgaacagtacgaacgtgcagaaggccgccactcggtaccggcggtatggatgaactgtacaaattaa。

2. 试剂

金沙生物 S4 聚合酶 SF212，25mg/mL 氯霉素（利用无水乙醇配制）。

3. 设备

PCR 仪，掌上离心机。

四、实验流程

① 上述提供的 *mCherry* 基因序列设计引物，在引物内部将预突变位点进行碱基替换，突变位点 5′ 端与实验材料碱基序列完全匹配 7 ~ 9bp 碱基，3′ 端与实验材料碱基序列完全匹配 18 ~ 25bp 碱基。

② 按照第二章第一节配置 PCR 反应体系，退火温度设定为 55℃。

③ PCR 扩增后，按照第四章第一节步骤，使用 *Dpn* Ⅰ 消化模板，随

后取 10μL 产物进行化学感受态细胞的转化，最后涂布到含有终浓度 25μg/mL 氯霉素的抗性平板。

④ 挑取单菌落至含有终浓度 25μg/mL 氯霉素的 5mL LB 液体培养基中培养，并做后续鉴定。

五、注意事项

① 用于定点突变 PCR 扩增的聚合酶：所扩增 DNA 大小 3500bp 以内可以使用一般的 Taq DNA 聚合酶或者具有高保真的 Pfu DNA 聚合酶；超过 3500bp 的需要使用高保真的聚合酶。

② 如果要定点突变的不是环状的质粒，而是线性片段，可以按照图 2-4 进行引物设计扩增。

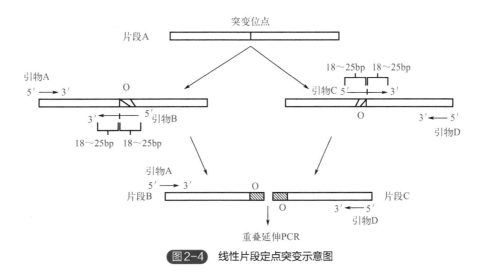

图2-4　线性片段定点突变示意图

实验流程：

a. 将片段 A 分为两部分，一部分设计引物 A 与引物 B，一部分设计引物 C 与引物 D。

　　b. 突变位点为中心设计引物，其 5′ 端与模板材料碱基序列匹配 18 ～ 25bp 碱基，其 3′ 端与目标材料完全匹配 18 ～ 25bp 碱基。

　　c. 按照常规 PCR 扩增流程进行各个片段的扩增，然后利用第三章第三节内容进行 PCR 产物的纯化。

　　d. 按照第二章第二节流程进行重叠延伸 PCR。

六、思考题

　　① 进行环状质粒的定点突变，为何 PCR 扩增后会形成带缺口的环?

　　② 如果定点突变的不是 1 个碱基，而是 3 个碱基或者需要删除 10 个碱基，实验流程是否还是一样的?

第四节
琼脂糖凝胶核酸电泳技术

一、实验目的

掌握核酸大小快速鉴定的原理及方法。

二、实验原理

琼脂糖原本是从海藻中提取出来的一种线状高聚物，后续通过人工化学修饰得到低熔点的琼脂糖通过加热（62 ~ 65℃）可以溶于水，待冷却后（至30℃）形成具有孔道结构的一种固体基质。核酸因磷酸基团的水解而带负电，在加入琼脂糖凝胶孔道后会发生从负极到正极的移动。核酸在进行跑胶之前，需要添加与核酸迁移率相当的染料溴酚蓝及二甲苯青，以起到标识进程的作用。同时还需要添加可以嵌入到核酸中的化学物质（如溴化乙啶、SYBR Safe等），可以在紫外波长（460 ~ 500nm）下观察到核酸条带（图2-5）。

三、实验材料、试剂与设备

1.实验材料

第二章PCR所扩增的红色荧光蛋白基因 *mCherry* 片段。

2.试剂

琼脂糖凝胶粉。核酸染料GelRed（Genesand # GL802）。核酸标准品

（Genesand#SM811）。

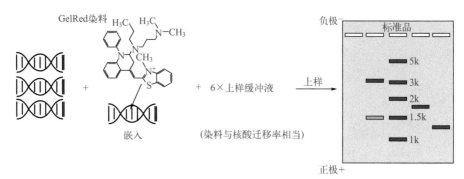

图2-5 琼脂糖凝胶电泳流程机理示意图

6×上样缓冲液：30mmol/L EDTA，36mL/100mL 的甘油，0.05g/100mL 的二甲苯青，0.05g/100mL 溴酚蓝。

50×TAE 缓冲液：242g Tris，100mL 0.5mol/L EDTA，57.1mL 乙酸，调节 pH 至 8.5。

3. 设备

水平电泳仪，可调节电源，凝胶成像系统，微波炉或电磁炉。

四、实验流程

① 配制 1×TAE 电泳缓冲液以及 6×上样缓冲液，并按照表 2-3 分离核酸大小范围，选择合适的琼脂糖凝胶浓度进行配制（考虑到 *mCherry* 基因片段大小为 0.731kb，本次选择 1.0g/100mL 浓度的琼脂糖凝胶）。

表2-3 不同琼脂糖凝胶浓度可分离核酸大小

琼脂糖凝胶浓度 / (g/100mL)	有效分离核酸大小范围 /kb
0.5	1 ~ 30
0.7	0.8 ~ 12
1.0	0.5 ~ 10

续表

琼脂糖凝胶浓度 / (g/100mL)	有效分离核酸大小范围 /kb
1.2	0.4 ~ 7
1.5	0.2 ~ 3

② 按照选取的凝胶板槽（小板槽可装液量 30mL，大板槽可装液量 60mL）。称取 0.3g 琼脂粉至 100mL 容量的三角瓶中，加入 1×TAE 约 30mL 混匀。

③ 利用微波炉或电磁炉进行加热处理，中间不断摇晃三角瓶使得液体受热均匀，至溶液中无肉眼可见颗粒状物质结束。

④ 自来水冲洗三角瓶外壁，使得液体快速降温至 60℃ 左右（双手可短时间握住瓶子），加入 5μL GelRed，迅速晃动后倒入制胶板中，并插入合适孔道的梳子，静置 20min 左右，至琼脂糖凝胶完全凝固。

⑤ 取 5μL 样品，1μL 6× 上样缓冲液混匀进行点样（同时取 6μL 核酸标准品上样作参照），100V 电压下进行琼脂糖凝胶电泳实验。

⑥ 实验进行 10 ~ 15min 后，观察凝胶上蓝色染料以及核酸标准品的位置后暂停设备，取出琼脂糖凝胶，用清水简单冲洗后利用凝胶成像系统观察。

五、注意事项

① 配制的 TAE 缓冲液多为母液（50×），使用前需要稀释。

② 琼脂糖的称量按照实验所需进行浓度调整。

③ 商业化的核酸标准品已经带有染料，可以直接取样进行琼脂糖凝胶电泳。

④ 凝胶制备后，常温需放置 20min 左右，低温放置可以加速凝固。若长时间放置，待后续拔梳子的时候，需要加入少量水或者 TAE 缓冲液

进行润滑，以免凝胶破损漏液。

⑤ 每次可以大量制备琼脂糖凝胶，放置于 1×TAE 缓冲液中保存，在使用时拿出即可（不用每次现配现用），该方法可以存放一周左右。

六、思考题

① 核酸为什么带负电？一定带负电吗？

② 在琼脂糖凝胶跑胶结束后，进行凝胶成像系统观察的时候若发现目标条带没有得到很好的分离怎么办？能重新放入水平电泳仪中继续跑胶吗？

③ 6×上样缓冲液中 6×代表什么意思？

④ 配制琼脂糖凝胶过程中如果琼脂粉没有完全溶解会有什么影响？

⑤ 如何判定琼脂糖凝胶电泳正常运行？

第三章

DNA 提取

DNA 是遗传物质，对其进行分子操作之前，需要先获取高纯度的 DNA，而且后续的每一步分子操作都需要在最适的环境下进行，如最适缓冲液、pH、离子浓度等。常用的分子操作有提取、PCR 扩增、酶切、连接等操作。

第一节
大肠杆菌基因组的提取（机械破胞 + 柱法回收）

一、实验目的

掌握大肠杆菌基因组大量快速提取的原理及方法。

二、实验原理

通过机械破胞后，利用苯酚与氯仿混合液对破胞液中的蛋白质进行抽提得到含有核酸的水溶液。接着，利用氯仿去除溶液中多余的苯酚。之后，加入 RNA 酶，再通过调节 pH 使得核酸能够吸附到硅基质膜上（硅胶质膜在低 pH、高盐环境下吸附核酸，在高 pH、低盐环境下释放核酸）。此后，通过离心洗脱以去除核酸周边多余的盐及蛋白质等，最后通过低盐、高 pH 溶液进行洗脱，收集核酸（图 3-1）。

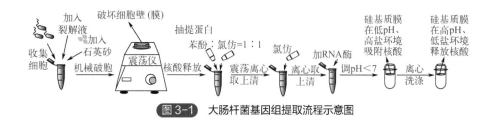

图 3-1　大肠杆菌基因组提取流程示意图

三、实验材料、试剂与设备

1. 实验材料

大肠杆菌 DH5α［F^- *endA*1 *glnV*44 *thi*-1 *recA*1 *relA*1 *gyrA*96 *deoR nupG* Φ80 *dlacZ* ΔM15 Δ（*lacZYA-argF*）*U*169］，硅基质膜填充柱，石英砂，1.5mL 离心管。

2. 试剂

苯酚。氯仿。LB 液体培养基。

乙醇洗涤液：75mL/100mL 的乙醇溶液。

裂解液：0.5mmol/L 葡萄糖溶液，0.25mmol/L Tris-HCl 溶液，0.01mmol/L EDTA 溶液。

溶胶液：6mol/L $NaClO_4$ 溶液，0.03mol/L NaAc 溶液（pH 5.2），0.05g/100mL 溴酚红溶液。

3. 设备

高速离心机，高速振荡器。

四、实验流程

① 挑取大肠杆菌 DH5α 单菌落于装液量 5mL 的 LB 液体培养基中过夜培养。

② 按照 1mL/100mL 接种量转接于装有 20mL LB 培养基的 100mL 摇瓶中，37℃、200r/min 继续培养 12 ~ 24h。

③ 在 10000r/min 条件下离心 1min，以收集菌体，并用无菌水洗涤一次。

④ 加入 200μL 裂解液、0.2g 石英砂、200μL 苯酚以及 200μL 氯仿，快速震荡 5min，加入 200 ~ 300μL 无菌去离子水，再次快速震荡 1min

后离心 5min。

⑤ 吸取上清至干净的 1.5mL 离心管中，加入等体积氯仿，颠倒混匀后快速离心 5min，再次取上清液至干净 1.5mL 离心管中（此时可选择性加入适量 RNA 酶，在 37℃下水浴静置 15min，以去除 RNA）。

⑥ 加入等体积溶胶液，混匀后加入硅基质填充柱中。

⑦ 加入 600μL 乙醇洗涤液，9000r/min 离心 30s，并重复一次。

⑧ 10000r/min 离心 2min，将带有核酸的硅基质膜放置于新的 1.5mL 离心管中，同时室温静置 1~2min（促进挥发乙醇）。

⑨ 加入适量加热至 70℃的水于吸附柱中间，13000r/min 离心 2min 收集核酸。

五、注意事项

① 苯酚在提取过程中除了吸收变性蛋白，促进核酸物质溶于上层水溶液外，还具有抑制 DNase 作用。

② 氯仿的加入不仅促进有机相与水相的分层，在第二次加入过程中还有利于去除上一步的苯酚残留。

③ 实验流程第⑥步，主要目的是调节 pH，硅基质膜在低 pH、高盐作用下吸附核酸，高 pH、低盐作用下释放核酸。

④ 在上述实验流程第⑤步，将加入的 RNase 更换为 DNase，37℃处理 4h 后进行后续的操作，便是大肠杆菌 RNA 提取的方法之一。

六、思考题

① 实验流程第⑥步换成直接加入盐酸溶液调节 pH 是否可行？

② 实验最后收集核酸的过程中为何一定要去除乙醇？如果乙醇有残留会有什么影响？

第二节
质粒提取（碱裂解 + 柱回收法）

一、实验目的

掌握利用碱裂解法破胞以及硅基质膜吸附核酸（柱回收法）进行质粒提取的原理及方法。

二、实验原理

大肠杆菌在强碱性环境（溶液Ⅱ）下可以实现细胞破碎，核酸物质暴露且解离成单链，随后被酸性试剂（溶液Ⅲ）中和，解离的单链再次恢复双链，在此低 pH、高盐环境下可以被硅基质膜吸附。随后通过洗脱以去除核酸周边的多盐及蛋白质等，最后通过低盐、高 pH 溶液进行核酸的收集（图 3-2）。

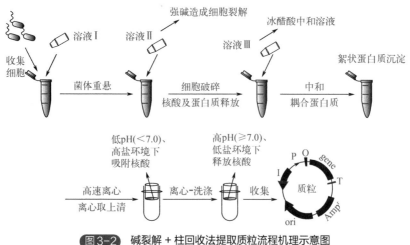

图3-2　碱裂解 + 柱回收法提取质粒流程机理示意图

三、实验材料、试剂与设备

1. 实验材料

pQE30（pBR322 ori，Amp^r，T5 启动子，3461bp）。1.5mL 离心管。

2. 试剂

乙醇洗涤液：75mL/100mL 的乙醇溶液。RNA 酶。100mg/mL 氨苄青霉素溶液。LB 液体培养基。

溶液Ⅰ（配制量 100mL）：

0.5mmol/L EDTA 溶液（pH 8.0）	2mL，
20g/100mL 葡萄糖溶液	4.5mL，
1mmol/L Tris-Cl（pH 8.0）溶液	2.5mL，
ddH$_2$O	91mL。

若需要去除 RNA，则需要加入 10mg/mL RNA 酶。

溶液Ⅱ（配制量 10mL，需现配现用）：

2mmol/L NaOH 溶液	1mL，
10g/100mL SDS 溶液	1mL，
ddH$_2$O	8mL。

溶液Ⅲ（配制量 100mL）：

乙酸钾	29.4g，
冰乙酸	5.75mL。

3. 设备

常温离心机，含有硅基质膜的填充柱。

四、实验流程

① 挑取含有 pQE30 质粒的大肠杆菌于装液量 5mL 的 LB 液体培养基

（含有终浓度 100μg/mL 氨苄青霉素）中过夜培养。

② 取 5mL 过夜培养的菌体，于 12000r/min 离心 30s，然后去除上清液以收集菌体。

③ 加入 150μL 溶液Ⅰ，用移液器枪头吹打重悬液体。

④ 加入 150μL 溶液Ⅱ，温和地上下翻转 6 ~ 8 次（此时会看到溶液由混浊变部分澄清，打开盖子出现黏液）。

⑤ 加入 350μL 溶液Ⅲ，温和地上下翻转 10 ~ 15 次（此时出现白色絮状沉淀）。

⑥ 于 12000r/min 离心 10min，底部出现白色絮状沉淀，用移液器轻取上清，并加入带有硅基质膜的填充柱内，放置于收集管中。

⑦ 于 9000r/min 离心 30s，倒去收集管中的过滤液，然后向填充柱中加入 600μL 乙醇洗涤液。

⑧ 再次于 9000r/min 离心 30s，倒去收集管中的过滤液并重复步骤⑥、⑦一次。

⑨ 将含有填充柱的收集管放置于 12000r/min 离心 2min，随后加入 50μL 无菌水，于 12000r/min 离心 1min。

五、注意事项

① 微生物细胞破碎后，除了质粒外露，其基因组同样外露。为此在加入溶液Ⅱ及溶液Ⅲ后，均需要温和颠倒，以防止提取过程中外露的基因组断裂，影响质粒提取质量。

② 在经历无水乙醇洗涤后，需要高速离心，以避免无水乙醇残留影响后续实验。在离心后可以空置 1 ~ 2min（或者于金属浴中放置 1min 以挥发残留的酒精）。

③ 最后一步（对于核酸的洗脱）可以利用加热的水（55℃），洗脱效果更好。

④ 为了提高质粒浓度，可以收集 2～3 管菌液，离心收集菌体后进行合并再提取质粒。

六、思考题

① 如果在加入溶液Ⅱ及Ⅲ后，进行了剧烈震荡混匀，会出现什么状况？

② 如果加入溶液Ⅱ后，菌液没有变部分澄清及出现黏稠现象说明什么？

第三节
PCR 产物回收（乙醇沉淀法）

一、实验目的

掌握基于乙醇沉淀进行 DNA 回收的原理及方法。

二、实验原理

核酸溶于水，在浓度过低不满足实验需求的情况下，需要对核酸物质加以浓缩和回收。除此之外，PCR 产物中存在的引物及 dNTP 等同样会影响后续实验，需要去除。乙醇可以与任何比例水混溶，从而可以吸收核酸周围水分，并附带去除部分杂质。不仅如此，核酸中由于带负电的磷酸基团暴露而相互排斥不发生聚集，在阳离子加入后会进行电子的中和，避免同性电荷排斥，从而聚集（图 3-3）。

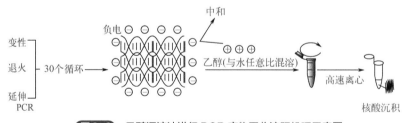

图 3-3 乙醇沉淀法进行 PCR 产物回收流程机理示意图

三、实验材料、试剂与设备

1. 实验材料

第二章第一节 PCR 产物，1.5mL 离心管。

2. 试剂

无水乙醇（预冷）。乙醇洗涤液：75mL/100mL 乙醇溶液（预冷）。醋酸钠溶液（3mol/L，pH 5.2）。

3. 设备

冷冻离心机。

四、实验流程

① 将 PCR 产物移至新的 1.5mL 离心管中，加入终浓度 0.3mol/L 乙酸钠充分混匀。

② 加入 2 倍体积预冷的无水乙醇，充分混匀后，冰上静置 20min。

③ 于 12000r/min 下离心 10min，小心移去上清液及管壁溶液。

④ 加入 750μL 乙醇洗涤液，12000r/min 离心 2min，小心移去上清及管壁溶液。

⑤ 将离心管开口放置 1 ~ 2min，以充分去除乙醇。

⑥ 加入适量 ddH$_2$O 重悬。

五、注意事项

① 从离心机中取出样品的过程中要轻拿轻放，避免沉淀的核酸分散造成提取损失。

② 考虑到离心机的离心力，核酸汇集到远离中心的管壁侧，吸取管内溶液时应远离管壁侧。

六、思考题

① 用乙醇沉淀核酸主要是考虑其能与水任意比混溶，但是 PCR 产物中同样是溶于水不溶于乙醇的其他物质能去除吗？该方法的弊端有哪些呢？

② 为何乙醇沉淀核酸过程中，要加入醋酸钠？

第四节
PCR 产物 / 酶切产物纯化（柱提法）

一、实验目的

掌握基于硅基质膜吸附核酸进行 PCR 产物 / 酶切产物回收的原理及方法。

二、实验原理

低 pH、高盐环境下核酸物质可以被硅基质膜吸附。在通过洗脱以去除核酸周边的多盐及蛋白质等物质后，利用低盐、高 pH 溶液便可以对核酸物质进行洗脱收集。如果 PCR 产物是单一条带，可以直接进行 PCR 纯化，如果含有非特异性条带，需要先进行"跑胶 - 溶胶 - 切胶"，再做回收（图 3-4）。

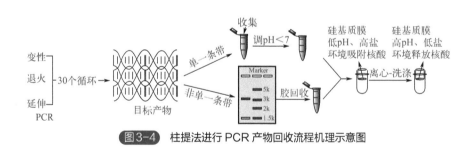

图 3-4　柱提法进行 PCR 产物回收流程机理示意图

三、实验材料、试剂与设备

1. 实验材料

第二章第一节 PCR 产物或者第四章第四节酶切产物。1.5mL 离心管。

琼脂糖凝胶粉。

2. 试剂

乙醇洗涤液：75mL/100mL 乙醇溶液。

6×上样缓冲液：30mmol/L EDTA，36mL/100mL 的甘油溶液，0.05g/100mL 二甲苯青溶液，0.05g/100mL 溴酚蓝溶液。

50×TAE 缓冲液：242g Tris，100mL 0.5mol/L EDTA 溶液，57.1mL 乙酸，调节 pH 至 8.5。

溶胶液：6mol/L $NaClO_4$ 溶液，0.03mol/L NaAc 溶液（pH 5.2），0.05g/100mL 溴酚红溶液。

3. 设备

离心机。带有硅基质膜的吸附柱。水平电泳槽。

四、实验流程

① 取适量 PCR 产物或酶切产物，加入适量 6×上样缓冲液进行琼脂糖凝胶（1%）跑胶。

② 于 120V、80mA 条件下进行实验，待目标条带与非目标条带在琼脂糖凝胶中分离后，利用小刀将目标条带切离，同时放入新的 1.5mL 离心管中。

③ 加入等质量浓度溶胶液，并置于 55℃水浴锅中进行溶胶处理，其间多次颠倒溶胶离心管。

④ 将完全溶解的凝胶液用移液器吸入硅基质吸附柱中，于 12000r/min 离心 1min。

⑤ 再次加入 300μL 溶胶液，于 12000r/min 离心 1min，倒掉收集管中废液。

⑥ 加入 600μL 乙醇洗涤液，于 9000r/min 离心 30s，倒掉废液并重复

洗涤一次。

⑦ 于 12000r/min 离心 2min 以去除残留乙醇。

⑧ 加入适量 ddH$_2$O，于 12000r/min 离心 2min 收集核酸。

五、注意事项

① 利用琼脂糖凝胶进行核酸电泳的过程中可以通过上样缓冲液中溴酚蓝颜色移动做跑胶情况简单判断。若取出胶块时间过早，可以再次放入电泳槽继续进行跑胶实验。

② 加入等质量浓度的溶胶液指的是 1g 胶体加入 100μL 溶胶液，加入体积偏多不影响实验。

③ PCR 产物只有单一条带的，可以直接进行 PCR 纯化，具体流程如下：

a. 加入等质量浓度溶胶液混匀，然后将混合液加入带有硅胶质膜的填充柱中。

b. 8000r/min 离心 30s，倒掉收集管中废液。

c. 加入 600μL 乙醇洗涤液，于 9000r/min 离心 30s，倒掉废液，并重复洗涤一次。

d. 于 12000r/min 离心 2min 以去除残留乙醇。

e. 加入适量 ddH$_2$O，于 12000r/min 离心 1 ~ 2min 收集核酸。

六、思考题

① 实验流程中的步骤⑤重复加入溶胶液的目的是什么？

② 如果溶胶过程不彻底，导致离心后有固体残留吸附柱中，该如何处理？

▶ 第四章

**工具酶的
使用以及载体构建**

▲ ▲ ▲ ▲ ▲ ▲ ▲

核酸工具酶的使用可以实现甲基化位点切割、核酸片段碱基位点的限制性切割、黏性末端或非黏性末端的连接、核酸片段的末端修复及加A等。通过"DNA获取-纯化-酶切-连接-转化"便可以实现载体的构建（图4-1）。

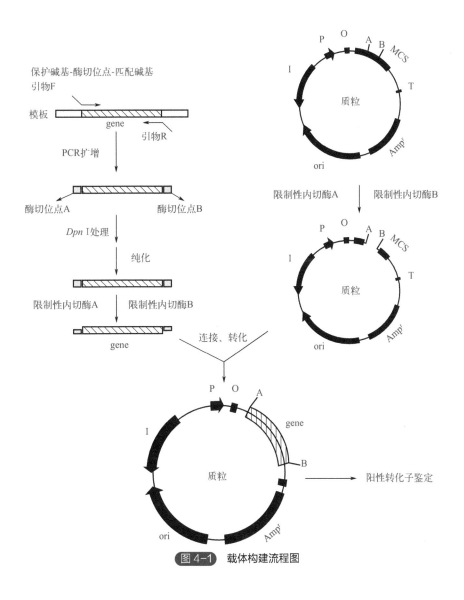

图4-1 载体构建流程图

第一节
限制性核酸酶（*Dpn* I）的使用

一、实验目的

掌握限制性核酸酶 *Dpn* I 的使用原理及方法。

二、实验原理

常用大肠杆菌细胞内均具有甲基化酶，会对细胞内的核酸物质产生甲基化影响。*Dpn* I 是一种限制性内切酶，具有甲基化特异性切割功能。PCR 扩增不会产生甲基化位点，而 PCR 扩增所用模板如果是从细胞内提取的核酸物质，在经过 PCR 扩增后，可以通过 *Dpn* I 进行模板的消化以避免对后续实验的影响（图 4-2）。

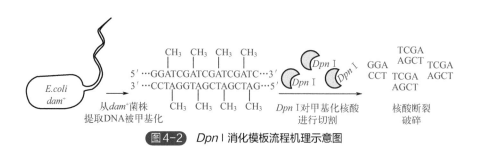

图4-2 *Dpn* I 消化模板流程机理示意图

三、实验材料、试剂与设备

1. 实验材料

第二章第一节以 pZEA-mCherry 为模板进行 PCR 扩增的产物。1.5mL

离心管。

2. 试剂

金沙生物 *Dpn* I 限制性内切酶（#R0176S，自带 10 × 缓冲液）。

3. 设备

离心机，37℃水浴锅，制冰机。

四、实验流程

① 按照表 4-1 配制反应液。

表 4-1　*Dpn* I 消化模板（未纯化）反应液的配制

组分	用量 /μL
PCR 产物（未纯化）	93（可以加水补充至此）
10 × 缓冲液	5
Dpn I（20U/μL）	2

② 用移液器将反应液快速混匀并放置于离心机中进行短暂的快速离心 30s。

③ 将上述反应液 37℃放置过夜处理。

④ 按照第三章第四节 PCR 产物纯化流程，加入等体积溶胶液，按照柱提法进行 DNA 收集。

⑤ 加入 88μL 水溶液进行洗脱，并做后续的酶切实验。

五、注意事项

① 考虑到 PCR 产物中残存有大量的 PCR 扩增用缓冲液，在对 PCR 产物（不纯化）直接进行模板消化过程中会对 *Dpn* I 产生影响，为此在该条件下进行的模板消化反应所用缓冲液需要减半。

② PCR 产物可以不经过纯化直接进行 *Dpn* I 处理，但是处理时间要相对延长（过夜）。如果对所得的 PCR 产物已经进行了纯化，后续可以按照表 4-2 进行反应液配制，消化模板的时间可以缩短至 2h。

表 4-2　*Dpn* I 消化模板（纯化）反应液的配制

组分	用量 /μL
PCR 产物（纯化）	88（可以加水补充至此）
10× 缓冲液	10
Dpn I（20U/μL）	1 ~ 2

六、思考题

① 加入 *Dpn* I 酶后，为何要进行短暂的快速离心？如果不离心可能会产生什么影响？

② 最后一步洗脱为何要加入 88μL 溶液洗脱，加入该体积量的目的是什么？

③ *Dpn* I 具有消化模板（被甲基化的）功能，该步骤在进行载体构建过程中是否一定需要呢？

第二节
限制性核酸内切酶的使用

一、实验目的

掌握限制性核酸内核酸的使用原理及方法。

二、实验原理

限制性核酸内切酶可以特异性识别碱基序列位点，并对序列中特定部位的两个脱氧核糖核苷酸之间的磷酸二酯键进行切割。本节所用 *Hind* Ⅲ 识别位点 AAGCTT，*Bam*H I 识别位点 GGATCC（图 4-3）。

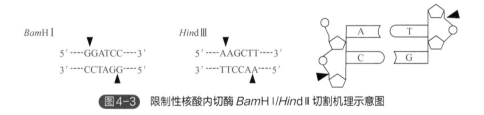

图4-3　限制性核酸内切酶 *Bam*H I/*Hind* Ⅲ 切割机理示意图

三、实验材料、试剂与设备

1. 实验材料

第三章第二节所提取的质粒 pQE30，第四章第一节经过 *Dpn* I 消化模板并纯化得到的 *mCherry* 基因片段（图 4-4）。

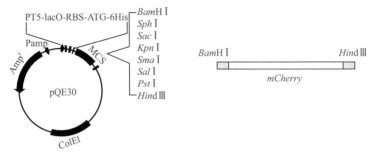

图4-4 pQE30 质粒以及带有酶切位点的 *mCherry* 片段示意图

2. 试剂

金沙生物 *Bam*H I（#GSR004）、*Hind* Ⅲ（#GSR018）限制性内切酶。

3. 设备

37℃水浴锅，离心机，制冰机。

四、实验流程

① 将限制性核酸内切酶 *Bam*H I 以及 *Hind* Ⅲ 从冰箱取出并冰上放置，然后按照表 4-3 进行限制性内切酶切割反应体系的配制。

表4-3　限制性核酸内切酶切割体系

组分	用量 /μL
pQE30 或 *mCherry* 片段	86
10× 缓冲液	10
*Bam*H I（20U/μL）	2
Hind Ⅲ（20U/μL）	2

② 将反应液放置离心机中快速离心 30s 去除壁上残留。

③ 将上述反应液 37℃放置 1 ~ 2h 处理。

④ 按照第三章第四节 PCR 产物纯化流程，加入等体积溶胶液，按照柱提取方法回收 DNA 回收。

⑤ 最后一步加入 25 ~ 30μL 水溶液，12000r/min 高速离心 1min，然后将底部溶液吸出再次加入填充柱中，12000r/min 再次高速离心 1min。

五、注意事项

① 考虑到多个限制性内切酶之间可能存在影响，或者所识别的酶切位点过于接近而影响双酶切的效率，后续实验可以按照"单个限制性内切酶酶切 -PCR 纯化 - 另外一个限制性内切酶酶切 - 胶回收"流程进行（图 4-5）。

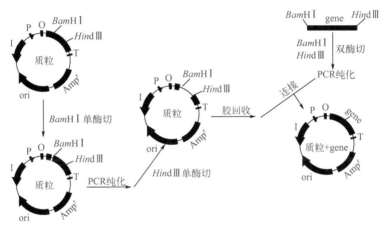

图4-5 依次单酶切载体构建流程图

② 限制性核酸内切酶在非最佳的温度、缓冲液、切割时间等条件下会存在星号活性（特异性识别位点之外切割），酶切过程需要注意反应时间（常用限制性核酸内切酶特性见附录二）。

六、思考题

① 最后一步进行核酸收集的过程为何只需要加入 25 ~ 30μL 洗脱液？为何又需要重复收集离心？

② 上述实验酶切时长为何要限定在 1 ~ 2h？酶切 6h 是否有影响？

第三节
连接酶的使用

一、实验目的

掌握 T4 DNA 连接酶的工作原理及使用方法。

二、实验原理

T4 DNA 连接酶是 ATP 依赖的 DNA 连接酶，可以催化两条 DNA 双链上相邻的 5′ 磷酸基和 3′ 羟基之间形成磷酸二酯键（图 4-6）。

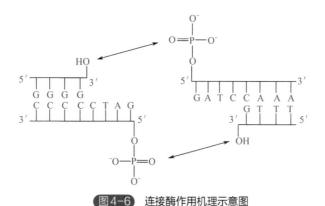

图4-6　连接酶作用机理示意图

三、实验材料、试剂与设备

1. 实验材料

第四章第二节经 *BamH* Ⅰ /*Hind* Ⅲ 酶切并回收的 pQE30 载体以及

mCherry 基因片段，第一章第一节制备的 DH5α 化学感受态细胞。

2. 试剂

金沙生物 T4 DNA 连接酶（#GSM001，自带 10 × 缓冲液）。氨苄青霉素（100mg/mL）。

3. 设备

16℃恒温培养箱，制冰机，37℃恒温培养箱。

四、实验流程

① 将 T4 连接酶从冰箱取出，于冰上放置。

② 按照表 4-4 在冰上进行连接体系反应液的配制。

表 4-4　T4 DNA 连接体系反应液的配制

组分	用量 / μL
pQE30	2
mCherry 片段	6
10 × 缓冲液	1
T4 DNA 连接酶（20000U/mL）	1

③ 将配制好的溶液用移液器混匀后，放置 16℃恒温水浴约 4 ~ 12h。

④ 提前 3min 取出第一章第一节制备的化学感受态细胞并置于冰上解冻，然后将反应液全部加入感受态细胞中。

⑤ 按照第一章第二节化学感受态转化方法进行转化，涂布于含有终浓度 100μg/mL 的氨苄青霉素抗性平板。

五、注意事项

① 进行第四章第二节酶切实验后，需要对回收的 DNA 进行浓度检测。连接体系中各浓度一般可以按照载体：片段（摩尔比）=1：3 的关系

进行。

② 相比于酶切体系，连接体系越小效果越明显。考虑到加入感受态细胞的外来物不超过原体积的 1/10（以免影响转化效率），通常采用 10μL 连接体系。

③ 载体构建的方法有很多，其中更为高效的是无缝克隆载体构建（图 4-7）。

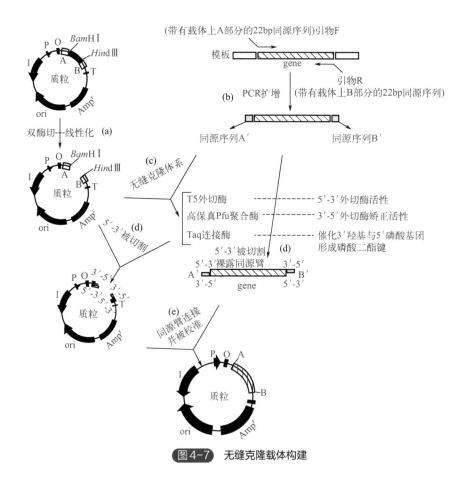

图 4-7　无缝克隆载体构建

无缝克隆载体构建原理是利用组分中含有的 T5 核酸外切酶，对含有同源序列的双链 DNA 进行单链制备（从 5′ 端进行切割，露出可匹配的单链）。然后在 Taq 连接酶作用下进行连接，同时借助高保真 Pfu 酶进行矫正以及补充裸露出来的碱基。通过三种酶的混合及条件优化，便可以获得目前商业化无缝克隆载体构建试剂盒，如金沙生物无缝克隆试剂盒（Uniclone One Step Seamless Cloning Kit，#SC612）以及 NEB Gibson Assembly 试剂盒等。

六、思考题

① T4 DNA 连接酶可以取 2 μL 吗?

② 如果实验条件有限，没有办法进行 16℃ 恒温水浴怎么进行连接反应?

③ 连接时间是不是越长越好呢?

第四节
T 载体构建

一、实验目的

掌握利用 T-A 连接进行载体构建的原理及方法。

二、实验原理

Taq DNA 聚合酶进行 PCR 扩增过程中，会在片段的 3′ 端添加碱基 A，然后与商业化的 T 载体（载体 5′ 端多出一个 T）进行连接（图 4-8）。

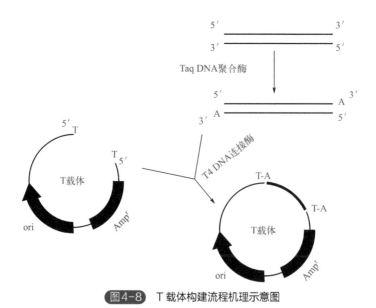

图4-8 T 载体构建流程机理示意图

三、实验材料、试剂与设备

1. 实验材料

第二章第一节 *mCherry* 基因扩增并纯化的片段。NEB 公司 pUC19-T 载体（#N3041S，2686bp，Amp^r，pBR322 ori，*LacZα*）。

2. 试剂

金沙生物 T4 DNA 连接酶（#GSM001）。金沙生物 Taq DNA 聚合酶 ST111（2×GS Taq PCR mix）。金沙生物 T 载体质粒 pTOPO001（#TC601）。氨苄青霉素溶液（100mg/mL）。

3. 设备

PCR 仪器，16℃恒温水浴仪，37℃恒温培养箱。

四、实验流程

① 将 Taq DNA 聚合酶从冰箱取出，按照表 4-5 进行加 A 体系溶液配制。

表 4-5　Taq DNA 聚合酶加 A 反应体系

组分	用量 /μL
2×GS Taq PCR mix	25
DNA 片段	20
ddH$_2$O	将体系体积补充至 50

② 将上述反应液混匀后放置 PCR 仪器中，72℃热处理 30min，以对 *mCherry* 基因片段 5′ 端添加 A。

③ 按照第三章第四节 PCR 产物纯化流程，对上述已经加 A 的 *mCherry* 基因片段进行回收。

④ 按照第四章第三节，将 5′ 端添加有 A 的 *mCherry* 基因片段与商业化购买的 T 载体进行连接。

⑤ 按照第一章第二节化学感受态细胞的转化方法进行转化，涂布于含有终浓度 100 μg/mL 的氨苄青霉素抗性平板。

五、注意事项

① 利用 Taq DNA 聚合酶进行加 A 的反应过程中，不需要引物。

② 由于没有添加引物，PCR 产物加 A 反应过程中不会引起产物扩增，所获得的产物量与初始添加的模板量相当。因此，可以根据实验需要加以调整初始模板量。

六、思考题

① 反应在 72℃下处理 30min，如果处理时间更长是否有影响?

② 反应过程中碱基 A、T、C、G 是不是必须添加的?

▶ 第五章

阳性转化子的
筛选与鉴定

▲ ▲ ▲ ▲ ▲ ▲ ▲

载体构建涉及目标片段的获取、PCR 纯化、酶切、胶回收、连接以及转化等流程，其间会遇到一系列如质粒切割不完全、PCR 产物出现非特异性扩增、限制性内切酶星号活性影响以及转化过程杂菌污染等问题，为此，载体构建最后阶段还需要进行阳性转化子的鉴定。

第一节
菌落 PCR 鉴定

一、实验目的

掌握利用 PCR 流程对菌落进行阳性转化子鉴定的原理及方法。

二、实验原理

Taq 聚合酶由于缺少 $3'$ -$5'$ 外切酶活性而降低了其 PCR 扩增过程的保真度，对 PCR 扩增条件要求相对低。除此之外，PCR 过程中有高温预变性步骤，通过少量菌体的加入，可以达到直接高温破碎细胞并释放核酸的目的，其可用于后续的 PCR 扩增（图 5-1）。

三、实验材料、试剂与设备

1.实验材料

第四章第三节 *mCherry* 基因片段连接 pQE30 转化后长出的菌落，pQE30 通用上游反向引物：gttctgaggtcattactgg。第二章第一节用正向引物 mCherry-F（*Bam*H I）：gtcggatccatggtttcaaaaggcgaag。牙签。PCR 小管。

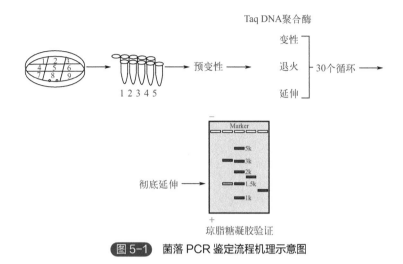

图 5-1   菌落 PCR 鉴定流程机理示意图

2.试剂

金沙生物 Taq DNA 聚合酶 ST111（2×GS Taq PCR mix）。氨苄青霉素溶液（100mg/mL）。

3.设备

PCR 仪，37℃恒温培养箱。

四、实验流程

① 以挑取 23 个菌落进行鉴定为目标，按照表 5-1 进行菌落 PCR 反应液配制：

表 5-1   菌落 PCR 反应体系溶液的配制

组分	用量 /μL
2×GS Taq PCR mix	5
引物 1（10μmol/L）	20
引物 2（10μmol/L）	20
ddH₂O	将体系体积补充至 500

② 按照一个反应 20μL 体系分装至小 PCR 管中。

③ 制备底部带有数字标记的固体平板，用一次性牙签轻蘸少许菌落，先在带有序号的固体平板上轻点一下，然后放置于小的 PCR 管中，依次完成全部 23 个菌落的蘸取。

④ 去除牙签，盖上 PCR 管盖，同时用记号笔在 PCR 管的盖子上做标记（与带有数字标记的平板标记数字相同）。

⑤ 按照表 5-2 进行 PCR 扩增流程，随后进行琼脂糖凝胶跑样处理。

表 5-2 Taq DNA 聚合酶 PCR 扩增流程

步骤	温度 /℃	时间	
预变性	95	3min	
变性	94	25s	
退火	55	25s	30 个循环
延伸	72	10 ~ 15s/kb	
彻底延伸	72	5 ~ 10min	

五、注意事项

① 如果菌落数量不多，可以直接在原有长菌落的平板底部标记，在用牙签挑起单菌落后，直接放置于对应标号的 PCR 管中进行扩增。

② 菌落 PCR 反应体系是 20μL 为宜，用于进行菌落 PCR 鉴定的引物一般从载体及目的片段各选择一条作为上游及下游引物，扩增长度在 1000 ~ 2000bp 为宜。

六、思考题

① 挑取 23 个菌落进行鉴定，为何要配制 25 个反应液的量（500μL）进行分装？

② 菌落 PCR 过程中蘸取的菌体过多会对 PCR 扩增有影响吗？

③ 做菌落 PCR 用的 Taq 聚合酶更换为高保真的 S4 DNA 聚合酶是否可行？

第二节
基于蓝白斑筛选的载体构建

一、实验目的

掌握基于蓝白斑筛选进行载体构建的原理及方法。

二、实验原理

LacZ 所编码的 *β*- 半乳糖苷酶具有四个相同亚基，每个亚基皆由 α 和 ω 两个片段组成，完整的 *LacZ* 可以将无色化合物 X-Gal（5- 溴 -4- 氯 -3- 吲哚 -*β*-D- 半乳糖苷）切割成半乳糖和深蓝色的物质 5- 溴 -4- 靛蓝。5- 溴 -4- 靛蓝可使整个菌落产生蓝色变化。*LacZ M15* 是编码 α 片段基因，如果外源基因片段插入其中会致使 *LacZ* 不完整，将导致 X-Gal 不能分解，菌落呈现白色（图 5-2）。

三、实验材料、试剂与设备

1. 实验材料

第一章第一节所制备的 DH5α 感受态细胞。第四章第四节所用 NEB 公司 pUC19-T 载体（#N3041S，2686bp，Amp^r，pBR322 ori，*LacZα*）。第四章第四节经过 Taq DNA 聚合酶加 A 处理后纯化的 *mCherry* 片段。

2. 试剂

乳糖类似物 IPTG 溶液（1mol/L），X-Gal 溶液（20mg/mL）。氨苄青

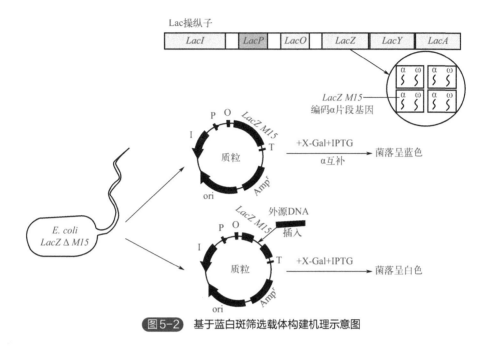

图5-2　基于蓝白斑筛选载体构建机理示意图

霉素溶液（100mg/mL）。金沙生物 T4 DNA 连接酶（#GSM001）。LB 固体培养基。

3. 设备

16℃恒温水浴仪，37℃恒温培养箱。

四、实验流程

①　按照第四章第四节 T 载体连接步骤进行片段与载体的连接及转化。

②　在避光环境下，向加热至 55℃左右的融化的固体培养基中加入 0.2mL/100mL X-Gal、0.1mL/100mL IPTG 以及 0.1mL/100mL 氨苄青霉素，混匀后倒在固体平板上。

③　将转化后的复苏产物进行 4000r/min 离心，30s，去掉上清液，保留至管内（约 200μL）。

④ 在避光环境下用移液器小心重悬菌体，然后涂布在含有 X-Gal、IPTG 以及氨苄青霉素的平板，并用避光纸包裹倒置于 37℃ 恒温箱内培养。

⑤ 挑取白色菌落做进一步验证。

五、注意事项

① X-Gal 见光分解，需要避光保存，避光培养。

② 使用蓝白斑进行筛选所对应的宿主应该是 *LacZ* Δ*M15* 基因型。

六、思考题

① 如果涂布 X-Gal 后，没有避光培养会出现什么后果？

② 载体中带有的 *LacZ* 基因中间多数含有多克隆位点，该位点的存在为何没有影响蓝白斑筛选？

第三节
基于荧光蛋白报告基因的载体构建和鉴定

一、实验目的

掌握基于荧光蛋白报告基因的载体构建和快速筛选原理及方法。

二、实验原理

mCherry 基因在正常表达情况下会呈现肉眼可以观察的红色。它可以对转录及翻译水平变化情况进行表征。以 *mCherry* 作为报告基因进行载体构建时，出现红色的菌落证明载体构建成功（图 5-3）。

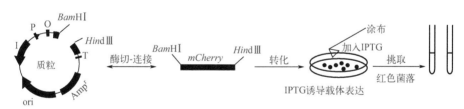

图5-3　基于荧光蛋白作为报告基因的载体构建流程机理示意图

三、实验材料、试剂与设备

1. 实验材料

第四章第二节经过 *Bam*HⅠ 及 *Hind*Ⅲ 双酶切并纯化的 pQE30 载体以

及 *mCherry* 基因片段，第一章第一节 DH5α 感受态细胞。

2. 试剂

金沙生物 T4 DNA 连接酶（#GSM001）。乳糖类似物 IPTG 溶液（1mol/L）。氨苄青霉素溶液（100mg/mL）。

3. 设备

16℃恒温水浴仪，37℃恒温培养箱。

四、实验流程

① 按照第四章第三节 T4 连接酶的使用方法进行载体与片段的连接反应。

② 按照第一章第二节化学感受态转化方法流程进行转化并复苏。

③ 将转化后的复苏产物 4000r/min 离心 30s，去掉上清液预留管内溶液约至 200μL，加入 1/40 该体积的 IPTG。

④ 用移液器重悬菌体，涂布到含有终浓度 100μg/mL 的氨苄青霉素抗性平板倒置培养。

五、注意事项

① 实验时间充足的情况下，可以向 55℃左右加热融化的固体培养基中加入 0.1mL/100mL IPTG 以及 0.1mL/100mL 氨苄青霉素，混匀后倒在固体平板上待用。

② 如果扩增 *mCherry* 来源的模板同样具有氨苄抗性，需要按照第四章第一节经过 *Dpn* I 处理后再进行本次实验。

③ IPTG 对细胞有一定的毒性，其用量不能过多。

六、思考题

① 如果最初扩增 *mCherry* 来源的模板不具有氨苄抗性（不存在模板残留影响），长出的红色菌落还需要进行菌落 PCR 鉴定吗？

② 克隆载体可以使用该方法吗？

第四节
选取载体的重鉴定

一、实验目的

掌握通过酶切体系对经菌落 PCR 鉴定所挑菌株的重鉴定。

二、实验原理

菌落 PCR 的鉴定是为了最大可能地挑选阳性克隆，但是考虑到引物的非特异性扩增以及目标片段的残留，依然会出现菌落 PCR 出现假阳性结果。为此，在挑选了单菌落进行培养后，还需要继续通过酶切体系进行重组载体的鉴定，即提取质粒进行酶切鉴定（图 5-4）。

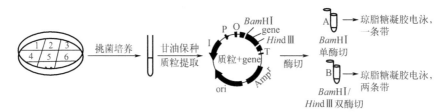

图 5-4 基于酶切体系的重鉴定流程机理示意图

三、实验材料、试剂与设备

1. 实验材料

第五章第一节通过菌落 PCR 鉴定出的阳性（可能）菌。

2.试剂

金沙生物 *Bam*H I（#GSR004）、*Hind* III（#GSR018）限制性内切酶。第三章第二节碱裂解法实验用试剂 I、II、III。第二章第四节琼脂糖凝胶实验用试剂。LB 培养基（可参考附录一）。氨苄青霉素溶液（100mg/mL）。

3.设备

37℃水浴锅，水平电泳仪，可调节电源，凝胶成像系统。

四、实验流程

① 挑取第五章第一节菌落 PCR 鉴定结果阳性的 4 个菌落，放置于含有终浓度 100 μg/mL 氨苄青霉素的 5mL LB 液体培养基中过夜培养。

② 按照图 5-4 实验流程，应首先保存菌种，然后再用第三章第二节碱裂解法抽提 DNA 的方式获取质粒。

③ 按照表 5-3 配制单（双）酶切重鉴定反应液。

表 5-3　载体的双酶切验证体系

组分	单酶切用量 /μL	双酶切用量 /μL
质粒	17	17
10× 缓冲液	2	2
*Bam*H I（20U/μL）	0.5	0.5
Hind III（20U/μL）	0.5	0
ddH$_2$O	0	0.5

④ 反应液混匀后 37℃放置 10 ~ 15min，其间按照第二章第四节流程制备琼脂糖凝胶。

⑤ 将上述酶切体系全部加入琼脂糖凝胶孔洞中进行酶切后质粒条带大小的验证实验，同时对验证正确的菌种做后续蛋白质表达实验。

五、注意事项

① 该流程只为对经菌落 PCR 鉴定所挑菌株的重鉴定，以确保目标片段的正确连接。酶切反应体系只需要配制 20μL 即可。

② 进行琼脂糖凝胶实验过程中，需要添加原质粒（未酶切）做对照。

③ 提取质粒进行双酶切再次鉴定之前，需要先行保种。待后续质粒鉴定正确后再进行扩大培养。

六、思考题

① 如果凝胶成像系统显示双酶切重鉴定的条带偏小，会是什么原因？

② 如果凝胶成像系统显示双酶切重鉴定的条带偏大，会是什么原因？

③ 该流程酶切体系只有 20μL，时间只有 10 ~ 15min，是否可以增大体积、增加时长？

▶ 第六章

蛋白质
表达纯化及鉴定

▲ ▲ ▲ ▲ ▲ ▲ ▲

表达载体可以通过启动子起始 DNA 到 RNA 的转录，随后在核糖体内进行 mRNA 到氨基酸的翻译。载体构建的最终目的是表达目标蛋白质。为此，目标基因是否得以正确表达需要鉴定。

第一节
蛋白质表达

一、实验目的

掌握蛋白质表达实验原理及流程。

二、实验原理

启动子类型分为组成型及诱导型两种，组成型不需要诱导，诱导型需要添加相应诱导物。以乳糖操纵子为例，用以调控基因分泌阻遏蛋白与相应结合位点（*LacO*）结合，阻碍启动子转录。通过诱导物的加入，诱导物与阻遏蛋白结合，不再与相应位点（*LacO*）结合，使得启动子正常转录 DNA 为 mRNA。由 mRNA 翻译为氨基酸首先需要有核糖体结合位点（SD 序列），然后从其后遇到的第一个 AUG 开始进行三联密码子的翻译（图 6-1）。

三、实验材料、试剂与设备

1. 实验材料

经第四章载体构建至第五章第四节双酶切重鉴定正确的菌株。250mL 三角瓶。

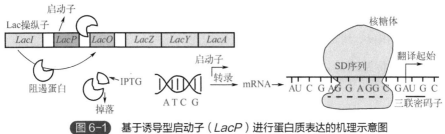

图6-1 基于诱导型启动子（*LacP*）进行蛋白质表达的机理示意图

2. 试剂

乳糖类似物 IPTG 溶液（1mol/L）。氨苄青霉素溶液（100mg/mL）。LB 液体培养基。

3. 设备

摇床，分光光度计。

四、实验流程

① 将第五章第四节保种的菌液按照 1mL/100mL 接种量接种至含有终浓度 100μg/mL 氨苄青霉素的 5mL LB 液体培养基中过夜培养。

② 按照 2mL/100mL 接种量接种至装液量 50mL、含有终浓度 100μg/mL 氨苄青霉素的 250mL 三角瓶中，继续培养至 $OD_{600} \approx 0.8$。

③ 加入终浓度 1mmol/L 的 IPTG 溶液，然后在 30℃、200r/min 下，继续培养 6 ~ 16h。

④ 收集菌体。

五、注意事项

① IPTG 浓度常用 0.5 ~ 1mmol/L，不同的表达载体可能需要优化。

② 诱导后培养温度需要降低至 30℃以下以利于蛋白质表达，一些对表达条件要求较为苛刻的蛋白质甚至需要降低至 16℃进行表达。

③ 诱导时间根据需求可以自行调整，少量以观察为目的的诱导时间设为 2 ~ 4h 即可。

④ 对于只是以简单鉴定为目的的实验，可以加大接种量（2 ~ 4mL/100mL）以及缩短诱导时间（4 ~ 6h）。对于需要大量表达的实验，可以按照 1 ~ 2mL/100mL 接种量，诱导后降低温度、增大溶氧、延长诱导时间。

六、思考题

① 扩大接种量可以增加蛋白质表达量吗？延长表达时间可以增加表达量吗？

② 如果增加 IPTG 的量，可以增加表达量吗？

③ 什么是基因？基因表达需要哪些元件参与？

第二节
细胞收集与破碎

一、实验目的

掌握胞内表达蛋白的快速获取原理及方法。

二、实验原理

微生物发酵产物分为胞内产物（没有信号肽）以及胞外产物（有信号肽）。大肠杆菌经过低温诱导后，可以实现蛋白质的胞内积累，所以在蛋白质表达纯化后需要进行菌体收集，然后借助物理方式进行细胞破碎以释放蛋白质（图6-2）。

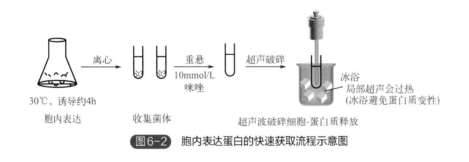

图6-2 胞内表达蛋白的快速获取流程示意图

三、实验材料、试剂与设备

1.实验材料

第六章第一节经过诱导表达的大肠杆菌培养液。ddH₂O。对标离心管。

2.试剂

A 缓冲液 200mL（平衡缓冲液）：10mmol/L Na_2HPO_4 溶液，1.8mmol/L KH_2PO_4 溶液，140mmol/L NaCl 溶液，2.7mmol/L KCl 溶液，用高浓度 NaOH 溶液调节 pH 值至 8.0。

B 缓冲液 200mL（洗脱缓冲液）：50mmol/L NaH_2PO_4 溶液，300mmol/L NaCl 溶液，500mmol/L 咪唑溶液，用高浓度 NaOH 溶液调节 pH 值至 8.0。

C 缓冲液 1000mL（咪唑缓冲液）：50mmol/L NaH_2PO_4 溶液，300mmol/L NaCl 溶液，用高浓度 NaOH 溶液调节 pH 值至 8.0。

3.设备

高速冷冻离心机。制冰机。超声破碎仪。蛋白纯化重力柱（带有孔径小于 $100\mu m$ 的过滤介质）。

四、实验流程

① 将已经诱导表达的菌体在冰上放置一段时间（>10min），同时用缓冲液 A 对蛋白纯化重力柱洗涤 1 ~ 3 次。

② 按照表 6-1 配制一系列不同浓度咪唑缓冲液，并在冰上放置（如果时间允许可以提前配制并放置于 4℃冰箱）。

表 6-1　不同浓度咪唑缓冲液组成

咪唑浓度 /（mmol/L）	缓冲液 B/mL	缓冲液 C/mL
0	0	100
10	2	98
20	4	96
40	8	92
60	12	88
100	20	80
250	50	50

③ 在 4℃下，以 10000r/min 离心 2min，倒掉上清，以收集诱导后培养的菌体。

④ 加入 40mL ddH₂O 重悬菌体，然后在 4℃下，以 10000r/min 再次离心 2min，倒掉上清液。重复该步骤一次。

⑤ 加入 40mL 含有 10mmol/L 咪唑的预冷缓冲液进行菌体重悬，同时放置于冰浴的烧杯中进行细胞破碎。

⑥ 利用超声破胞仪进行细胞破碎，每超声 1s，间隔 2s，至溶液半澄清。功率为额定功率的 35%（额定功率一般在 650W）。

五、注意事项

① 溶液 A、B、C 的配制需要严格调整 pH 至 8.0，混合配制不同浓度咪唑缓冲液时无需再调 pH。

② 超声破碎仪器功率一般都在 650W 左右，设定 35% 的参数值，可以随之上下浮动。

③ 超声破碎时间不是固定的，一般间隔时间大于工作时间，每个循环限定在 10s 内均可。

六、思考题

① 细胞破碎过程中，为何要冰浴破胞？

② 菌体重悬为何要选择 10mmol/L 咪唑，用 0mmol/L 咪唑是否可行？

第三节
蛋白质纯化

一、实验目的

掌握基于 6His 标签进行蛋白质纯化的原理及流程。

二、实验原理

组氨酸（His）可以与 Ni^{2+} 发生配位相互作用。带有 6His 标签的蛋白质通过组氨酸与 Ni^{2+} 配位键结合从而富集，在通过一定孔径的滤膜过程中被附带截留，而杂蛋白（不与 Ni^{2+} 结合或结合能力较弱）则通过滤膜被洗脱。最后再通过高浓度的咪唑将其间的配位键断裂，便可以达到目标蛋白质纯化的目的（图 6-3）。

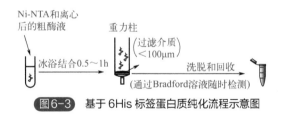

图6-3　基于 6His 标签蛋白质纯化流程示意图

三、实验材料、试剂与设备

1. 实验材料

第六章第二节细胞破碎后的蛋白质溶液。

2. 试剂

Bradford 溶液：将 50mg 考马斯亮蓝 G-250 溶于 25mL 含有 95mL/100mL 的乙醇中，加入 50mL 85mL/100mL 的磷酸，然后补加水至 500mL，用 whaTman 1 号滤纸过滤并于 4℃保存。第六章第二节配制的不同浓度咪唑。Ni-NTA。乙醇储存液：20mL/100mL 乙醇溶液。BSA。

3. 设备

蛋白质纯化重力柱（带有孔径小于 100μm 的过滤介质）。

四、实验流程

① 将第六章第二节获得的粗酶液于 12000r/min、4℃离心 30min。

② 小心取出上清液，加入 2mL Ni-NTA 填料，冰浴、放至低速摇床（30r/min）0.5 ~ 1h。

③ 将结合后的溶液全部重新加入重力柱中，让液体自由垂落。

④ 加入适量 20mmol/L 咪唑溶液继续重复洗脱，使液体自由垂落（其间可以用 1.5mL 的离心管进行收集，并标注先后顺序），其间用 1mL 的 Bradford 随时检测。

⑤ 待垂落液滴（一滴）至 Bradford 中不立刻变蓝为止，更换下一梯度浓度咪唑（依次使用 10、20、40、60、100mmol/L 咪唑溶液）。

⑥ 做好梯度洗脱步骤下蛋白质的收集工作。

⑦ 加入一定体积的 250mmol/L 咪唑溶液对重力柱进行洗脱，至待垂落液滴至 Bradford 中不再有颜色变化为止。

⑧ 向重力柱（含有 Ni-NTA）中加入 5mL 的乙醇储存液，于 4℃冰箱保存，待下次使用。

五、注意事项

① 如果新购买的 Ni-NTA，需要先行加入约 50 ～ 100mL 的缓冲液 A 进行填料的活化，然后再按照上述流程进行实验。

② 若经本实验摸索出目标蛋白只有在 60mmol/L 咪唑浓度下才可以被洗脱，可以直接用 40mmol/L 的咪唑进行大量洗脱（其间不再收集），然后用 60mmol/L 的咪唑进行洗脱并收集目标蛋白质液体。

③ 蛋白质定量可以采用蛋白质测定仪器，或者通过 BSA 与 Bradford 反应的颜色反应，绘制标准曲线，进行外标法测量。曲线制作方法如下：

配制 1mg/mL 牛血清白蛋白（BSA）溶液。取 7 个 1.5mL 的离心管，按表6-2向各个离心管中加入相应体积的BSA、蒸馏水和Bradford工作液，混合均匀后得到不同浓度的蛋白质标准溶液，每个浓度做三个平行，然后测定 OD_{595} 吸光值。以蛋白质含量作为横坐标，OD_{595} 的吸光值作为纵坐标绘制蛋白质标准曲线。

表 6-2 蛋白质标准曲线的制作

编号	BSA/μL	蒸馏水 /μL	Bradford 工作液 /mL
1	0	100	1
2	2.5	97.5	1
3	5	95	1
4	7.5	92.5	1
5	10	90	1
6	12.5	87.5	1
7	15	85	1

OD_{595} 数值的测定可以通过多功能酶标仪进行，也可以通过分光光度计进行，但是为了使得标准曲线方差最小，需要使用相同的设备（不要按照仪器参数换算）。

待测物的蛋白质浓度需要在曲线的有效范围之内，如果经计算超出该标准曲线有效浓度，需要经过稀释后再进行测量，最后乘以稀释倍数。

六、思考题

① 如果粗酶液不经过高速离心步骤而直接与 Ni-NTA 的结合进行蛋白质纯化，会对实验过程有影响吗？

② Ni-NTA 填料柱可以在不同批次纯化不同的蛋白质吗？

第四节
SDS-PAGE 电泳

一、实验目的

掌握基于 SDS-PAGE 进行蛋白质鉴定的原理及方法。

二、实验原理

SDS（中文名称为十二烷基硫酸钠）是一种阴离子表面活性剂。其可作为变性剂和助溶剂，断裂分子内和分子间的氢键，使蛋白质分子去折叠，破坏其分子的二、三级结构。强还原剂如巯基乙醇、二硫苏糖醇（DTT）能使半胱氨酸残基间的二硫键断裂。在样品和凝胶中加入还原剂和 SDS 后，分子被解聚成多肽链，解聚后的氨基酸侧链和 SDS 结合成蛋白质 -SDS 胶束，所带的负电荷大大超过了蛋白质原有的电荷量，这样就消除了不同分子间的电荷差异和结构差异，使得样品条带大小只与蛋白质实际大小相关（图 6-4）。聚丙烯酰胺凝胶是由丙烯酰胺和交联剂甲叉双丙烯酰胺在催化剂作用下聚合而成的多孔网结构，在添加 SDS 后制备上层浓缩胶和下层分离胶。聚丙烯酰胺凝胶可以起到分子筛作用，按照蛋白质分子大小进行分离。

三、实验材料、试剂与设备

1. 实验材料

第六章第三节纯化出来的蛋白质。

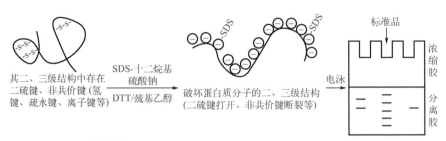

图6-4 基于 SDS-PAGE 进行蛋白质鉴定的机理示意图

2.试剂

A 液：丙烯酰胺储存液。30g 丙烯酰胺，0.8g N'，N'-甲叉双丙烯酰胺，ddH$_2$O 定容至 100mL。

B 液：4×分离胶缓冲液。18.15g Tris，4mL 10g/100mL SDS，盐酸调至 pH 8.8，ddH$_2$O 定容 100mL。

C 液：4×浓缩胶缓冲液。6.05g Tris，4mL 10g/100mL SDS，盐酸调至 pH 6.8，ddH$_2$O 定容 100mL。

10g/100mL 过硫酸铵：0.5g 过硫酸铵，加水定容至 5mL，小量分装于 -20℃保存。

1×电泳缓冲液（1000mL）：3g Tris 碱，1g SDS，14.4g 甘氨酸，加 ddH$_2$O 至 1000mL。

2×样品缓冲液（10mL）：0.4g SDS，2mL 甘油，2mL 1mol/L Tris-HCl（pH 6.8），0.02g 溴酚蓝，0.31g DTT 加蒸馏水至 10mL，贮存于 4℃。

考马斯亮蓝染液（100mL）：45mL 甲醇，10mL 冰醋酸，0.25g 考马斯亮蓝 R-250，45mL ddH$_2$O。

考马斯亮蓝脱色液（100mL）：10mL 冰醋酸，10mL 甲醇，80mL ddH$_2$O。

10% 分离胶配方：3.1mL ddH$_2$O，2.4mL A 液，1.9mL B 液，112μL 10g/100mL 过硫酸铵，5μL TEMED。

4% 浓缩胶配方：2.0mL ddH$_2$O，600μL A 液，888μL C 液，60μL

10g/100mL 过硫酸铵，10μL TEMED。

3. 设备

垂直电泳仪。水浴锅。离心机。

四、实验流程

① 配制上述溶液 A、B、C，同时配制 10% 分离胶并灌至垂直电泳槽中（图 6-5）。

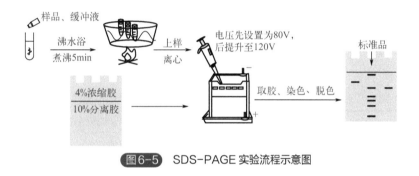

图6-5　SDS-PAGE 实验流程示意图

② 约 1h，待分离胶凝固后配置并灌输 4% 浓缩胶，同时插入孔道梳子静置约 20min。将制备好的凝胶放置于垂直电泳槽中，添加 1× 电泳缓冲液至合适位置（内孔槽加满，内孔槽外部承水区域没过内槽的底部）。

③ 取等体积的蛋白质样品与 2× 样品缓冲液在 1.5mL 离心管中混匀，沸水浴中保持 5min。

④ 12000r/min 常温下离心 5min，用移液器小心吸取 5 ~ 10μL 上部液体加入电泳槽中。

⑤ 接通电源，首先在 80V 电压情况下进行电泳约 45min，使得蛋白质样品跑至分离胶附近，再调整电压至 120V 继续进行约 2h。

⑥ 待样品跑胶结束，用小心将玻璃夹层打开，取出蛋白胶，并加入

适量染色液浸润 15min。

⑦ 将浸润染色的蛋白胶取出，加入适量脱色液进行颜色洗脱。

⑧ 待脱色液颜色加深，可以尝试更换新一轮脱色液，直至蛋白质胶条带清晰。

五、注意事项

① 染色液可以重复使用，新配制的染色液染色 15min 即可，重复使用多次的染色液需要增加染色时长。

② 可以用加热的方式提高脱色效率，比如放置微波炉热处理 20s。

③ 不同的分离胶浓度对应分离不同大小的蛋白质，具体如表 6-3 所示。

表6-3　不同分离胶浓度对应可分离蛋白质大小范围

SDS-PAGE 分离胶浓度	最佳分离范围 /kD
6%	50 ~ 15
8%	30 ~ 90
10%	20 ~ 80
12%	12 ~ 60
15%	10 ~ 40

④ 蛋白质由肽链折叠而成，肽链由氨基酸脱水缩合而成（图 6-6），氨基酸表达依据是三联密码子。为此，可以根据基因大小进行大致计算蛋白质分子量，具体方法如下：

a. 氨基酸平均分子量 128Da。

b. 每两个氨基酸脱水缩合失去一分子水。

肽键数=失去的水分子数=氨基酸数-肽链数

蛋白质分子量=（可编码氨基酸基因的碱基数÷3）×128-[（可编码

氨基酸基因的碱基数÷3）-编码的肽链]×18

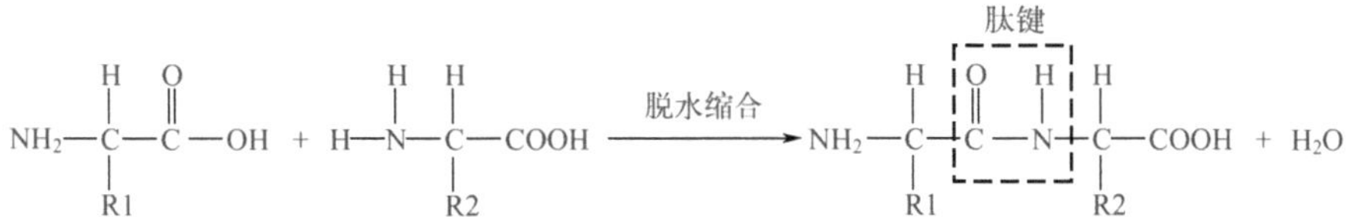

$$NH_2{-}\underset{\underset{R1}{|}}{\overset{\overset{H}{|}}{C}}{-}\underset{}{\overset{\overset{O}{\|}}{C}}{-}OH \; + \; H{-}\underset{\underset{R2}{|}}{\overset{\overset{H}{|}}{N}}{-}\underset{}{\overset{\overset{H}{|}}{C}}{-}COOH \xrightarrow{\text{脱水缩合}} NH_2{-}\underset{\underset{R1}{|}}{\overset{\overset{H}{|}}{C}}{-}\underset{}{\overset{\overset{O}{\|}}{C}}{-}\underset{}{\overset{\overset{H}{|}}{N}}{-}\underset{\underset{R2}{|}}{\overset{\overset{H}{|}}{C}}{-}COOH \; + \; H_2O$$

肽键

图6-6　氨基酸脱水缩合

⑤ 在条件允许的实验室，可以直接使用商用 SDS-PAGE 制备胶进行实验。

六、思考题

① 实验过程中，如何通过肉眼观察该聚丙烯酰胺凝胶电泳运行正常？

② 聚丙烯凝胶电泳与琼脂糖凝胶电泳的区别有哪些？

③ *mCherry* 基因总长度 714bp（从 ATG 至 TAA），编码一条肽链，那么表达的 mCHERRY 蛋白大小是多少？

第七章

CRISPR 技术应用

链霉菌属来源的 Cas9 蛋白可以在 sgRNA 引导下进行 DNA 的定点切割，然后借助重组酶及同源片段的作用实现基因的敲除、插入以及替换。通过对 Cas9 蛋白的突变，可以实现 Cas9 蛋白的结合但不是切割功能，在 sgRNA 引导下影响基因的转录从而实现基因的抑制。连接有激活因子的 Cas9 蛋白可以招募 RNA 聚合酶，将 Cas9 蛋白调控至合适的位置便可以有效提高启动子转录效率。

第一节
CRISPR 基因敲除

一、实验目的

掌握基于CRISPR-Cas9的基因敲除原理与技术，敲除大肠杆菌 *recA* 基因。

二、实验原理

CRISPR-Cas9 系统可以做到基因的无痕敲除。通过人工设计的 sgRNA（small guide RNA）来识别目的基因序列，并引导 Cas9 蛋白进行有效切割 DNA 双链，造成 DNA 的双链断裂。在此情况下借助同源重组酶效应，可以使得带有同源臂的打靶片段实现基因的插入、替换以及敲除（图 7-1）。

三、实验材料、试剂与设备

1. 实验材料

第一章第一节制备的 DH5α 化学转化感受态细胞。第三章第一节提

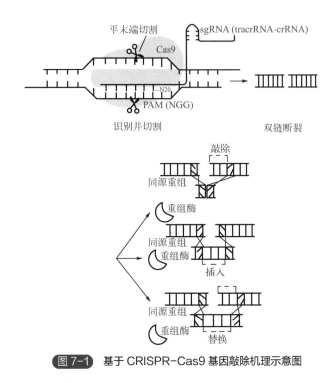

图 7-1　基于 CRISPR-Cas9 基因敲除机理示意图

取的大肠杆菌基因组。pCas 质粒［#Addgene plasmid #62225，repA101（Ts），Kan^r，Pcas-Cas9，ParaF，aad A^r，LacI^q，Ptrc-sgRNA-pMB1］。pTargetF（Addgene plasmid #62226，pMB1，aadA^r，sgRNA）。

引物 recA-F1：gctatcgacgaaaacaaac。

引物 recA-R1：ctgtaccacgcgcctgctttgattccggtccgtagatttc。

引物 recA-F2：gaaatctacggaccggaatcaaagcaggcgcgtggtacag。

引物 recA-R2：ttaaaaatcttcgttagtttctg。

Target-F：atgactagttaaaaccacgctgacgctgcgttttagagctagaaatag（保护碱基 -Spe I 酶切位点 -N20-gRNA 重叠区）。

Target-R：atgactagtattataacctaggactgag（保护碱基 -Spe I 酶切位点）。

基因组位置图如图 7-2 所示。

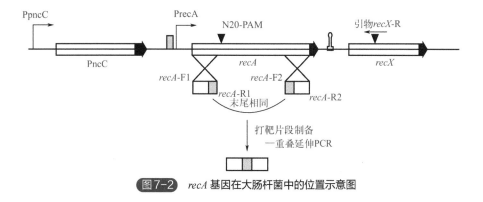

图7-2 *recA*基因在大肠杆菌中的位置示意图

基因*recA*序列（标灰色部分）、启动子序列（加粗部分）。

tgagcttccctctggctaatcagctttttctgaatcctcctcgtaaaattgcaacgccaacaccatcttcctga

cgaaagtgctatcttgtccggcataaattttgactgacagaggttgtgatgactgacagtgaactgatgcagttaag

tgaacaggttgggcaggcgctgaaagcccgtggcgcaaccgtaacaactgccgagtcttgtaccggtggttgg

gtagcgaaagtgattaccgatattgccggtagctccgcctggtttgaacgcggatttgtcacctacagtaacgaag

ccaaagcgcagatgatcggcgtacgcgaagagacgctggcgcagcatggcgcggtgagtgaacccgtcgtg

gtggaaatggcgataggcgcactgaaagcggctcgtgctgattatgccgtgtctattagtggtatcgccgggccg

gatggcggcagtgaagagaagcctgtcggcaccgtctggtttgcttttgccactgcccgcggtgaaggcattacc

cggcgggaatgcttcagcggcgaccgtgatgcggtgcgtcgtcaggctactgcgtatgcattgcagaccttgtgg

ca**acaatttctacaaaacacttgatactgtatgagcatacagtataattgcttc**aacagaacatattgacta

tccggtattacccggcatgacaggagtaaaaatggctatcgacgaaaacaaacagaaagcgttggcggcagca

ctgggccagattgagaaacaatttggtaaaggctccatcatgcgcctgggtgaagaccgttccatggatgtggaa

accatctctaccggttcgctttcactggatatcgcgcttggggcaggtggtctgccgatgggccgtatcgtcgaaat

ctacggaccggaatcttccggtaaaaccacgctgacgctgcaggtgatcgccgcagcgcagcgtgaaggtaaa

acctgtgcgtttatcgatgctgaacacgcgctggacccaatctacgcacgtaaactgggcgtcgatatcgacaacc

tgctgtgctcccagccggacaccggcgagcaggcactggaaatctgtgacgccctggcgcgttctggcgcagta

gacgttatcgtcgttgactccgtggcggcactgacgccgaaagcggaaatcgaaggcgaaatcggcgactctca

catgggccttgcggcacgtatgatgagccaggcgatgcgtaagctggcgcgggtaacctgaagcagtccaacacg ctgctgatcttcatcaaccagatccgtatgaaaattggtgtgatgttcggtaacccggaaaccactaccggtggtaa

cgcgctgaaattctacgcctctgttcgtctcgacatccgtcgtatcggcgcggtgaaagagggcgaaaacgtggt

gggtagcgaaacccgcgtgaaagtggtgaagaacaaaatcgctgcgccgtttaaacaggctgaattccagatcc

tctacggcgaaggtatcaacttctacggcgaactggttgacctgggcgtaaaagagaagctgatcgagaaagca

ggcgcgtggtacagctacaaaggtgagaagatcggtcagggtaaagcgaatgcgactgcctggctgaaagata

acccggaaaccgcgaaagagatcgagaagaaagtacgtgagttgctgctgagcaacccgaactcaacgccgg

atttctctgtagatgatagcgaaggcgtagcagaactaacgaagattttttaatcgtcttgtttgatacacaagggtc

gcatctgcggccctttttgcttttttaagttgtaaggatatgccatgacagaatcaacatcccgtcgcccggcatatgc

tcgcctgttggatcgtgcggtacgcattctggcggtgcgcgatcacagtgagcaagaactgcgacgtaaactcgc

ggcaccgattatgggcaaaaatggcccagaagagattgatgctacggcagaagattacgagcgcgttattgcctg

gtgccatgaacatggctatctcgatgacagccgatttgttgcgcgctttatcgccagccgtagccgcaaaggttatg

gacctgcgcgtattcgccaggaactgaatcagaaaggtatttcccgcgaagcgacagaaaaagcgatgcgtgaa

tgtgacatcgactggtgcgcactggcgcgcgatcaggcgacgcgaaaatatggcgaa。

2. 试剂

无菌去离子水（预冷）。LB 培养基。金沙 S4 聚合酶 SF212（1.1×S4 Fidelity PCR mix）。阿拉伯糖诱导物：20g/100mL 阿拉伯糖溶液。50mg/mL 卡那霉素溶液。50mg/mL 壮观霉素溶液。金沙生物 *Spe* I 限制性内切酶（#GSR038）。

3. 设备

PCR 仪。掌上离心机。电穿孔仪。电转化杯。摇床。

四、实验流程

① 设计引物 recA-F1、recA-R1，recA-F2、recA-R2，Target-F、Target-R。

② 以第三章第一节提取的大肠杆菌基因组为模板，分别用引物 recA-F1、recA-R1，recA-F2、recA-R2 进行 PCR 扩增。

③ 按照第二章第二节方法进行重叠延伸 PCR 扩增，获得可用于敲除 *recA* 基因的打靶片段。

④ 以 pTargetF 为模板，用引物 Target-F、Target-R 进行 PCR 扩增，得到两端带有 *Spe* I 酶切位点的线性载体。

⑤ 按照第四章第一节进行 *Dpn* I 处理，按照第三章第四节进行核酸物质的 PCR 纯化、第四章第二节进行 *Spe* I 限制性核酸内切酶的酶切、再按第三章第四节进行核酸物质的 PCR 纯化以及第四章第三节进行片段的连接（图 7-3）。

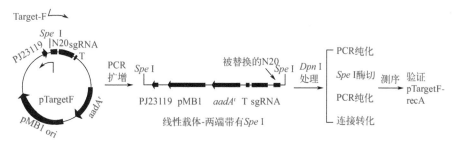

图7-3　pTargetF-recA 构建主要流程示意图
aadA 为壮观霉素抗性基因。PJ23119 为 J23119 启动子。T 为终止子

⑥ 按照第一章第二节化学感受态转化方法进行转化，涂布于含有终浓度 50 μg/mL 壮观霉素抗性平板 37℃过夜培养。至第二天分别挑取 2 ~ 4 个单菌落于含有终浓度 50 μg/mL 壮观霉素的 5mL LB 液体培养基中培养，并提取质粒进行测序验证，将经验证正确添加了 N20 的质粒命名 pTargetF-recA。

⑦ 利用第一章第二节化学转化方法将 pCas 质粒转入大肠杆菌 DH5α 中，挑取单菌落至含有终浓度 50 μg/mL 卡那霉素的 5mL LB 液体培养基中，30℃过夜培养。

⑧ 将上述培养液按 2mL/100mL 接种量，转接至含有终浓度 50 μg/mL

卡那霉素的 50mL LB 培养基中，30 ℃、200r/min 培养约 2h，添加 0.2g/100mL 终浓度的阿拉伯糖，继续 30℃培养至 OD$_{600}$ 达到约 0.55。

⑨ 按照第一章第三节电转化感受态细胞的制备流程进行感受态制备，加入约 100ng pTargetF-recA 及 400ng 打靶片段，于 1.25kV 下进行电转化，然后迅速加入 700μL SOC 培养基，并于 30℃、200r/min 复苏培养 1h，添加 10μL 阿拉伯糖诱导物继续复苏培养 2h。

⑩ 将上述复苏培养液在 4000r/min 下离心 30s，去掉部分上清至管内剩余约 100μL，进行菌体重悬，然后涂布于含有终浓度 50μg/mL 卡那霉素以及终浓度为 25μg/mL 壮观霉素（Kan^r/aadA^r）固体平板，于 30℃过夜培养。

五、注意事项

① 实验用卡那霉素终浓度是 50μg/mL，构建 pTargetF-recA 用壮观霉素终浓度是 50μg/mL。但是在进行基因打靶、共转化质粒的过程中，考虑到在含有多种抗生素的平板上涂布会降低转化效率，所以可以采用先降低浓度再升高浓度的做法，即基因打靶共转化时，壮观霉素终浓度用量可以降低至 25μg/mL，待转化成功、挑取菌落时，用量可以重新增加浓度至 50μg/mL。

② 由于大肠杆菌基因组为多顺反子结构，进行基因敲除过程中，需要对待敲除基因上下游基因（包括表达元件）加以分析，敲除的基因不能影响到前后基因的表达。

③ 基因敲除的方式有很多种，包括整段基因全敲除、基因片段敲除、插入终止密码子等方式。

④ N20 的选择位点应该避开设计的同源臂，以免同源重组后重复切割。

六、思考题

①转化复苏过程中，为何要重复添加 $10\mu L$ 阿拉伯糖诱导物，该步骤是否可以省略？

② 制备感受态之前加入 0.2g/100mL 终浓度的阿拉伯糖以诱导重组酶的表达，如果加入的阿拉伯糖浓度超过了 0.2g/100mL 会有什么影响？

第二节
CRISPR 基因敲除验证及质粒去除

一、实验目的

掌握基于 CRISPR-Cas9 的基因敲除验证以及后续的质粒去除流程。

二、实验原理

基因敲除成功后，通过菌落 PCR 以及琼脂糖凝胶验证，可以通过观察条带大小进行快速筛选。pCas 质粒上带有由乳糖操纵子表达的能结合 pMB1 复制子的 N20-gRNA 序列，经 IPTG 的诱导可以进行 pTargetF 质粒的去除，并通过壮观霉素平板鉴定去除效果。pCas 质粒附带 101 复制子（ori），带有编码温敏蛋白 Rep101（Ts）的基因，通过升高温度（42℃）可以达到快速去除 pCas 质粒的目的。后续可以通过卡那霉素及无抗平板加以验证（图 7-4）。

三、实验材料、试剂与设备

1. 实验材料

第七章第一节基因敲除后长出的菌落。

引物 recA-F1：gctatcgacgaaaacaaac。

引物 recX-R：ctgcgctttataccgctt（引物位置见第七章第一节 *recA* 基因位置示意图）。

牙签。

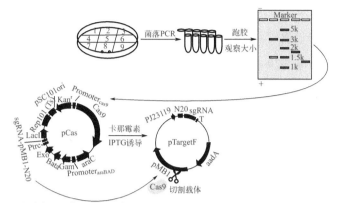

诱导打靶pMB1的N20-sgRNA表达，去除pTargetF 去除pTargetF质粒后通过点Sper抗性平板验证

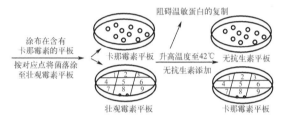

图7-4 基于 CRISPR-Cas9 基因敲除后的验证及去质粒流程示意

2.试剂

金沙生物 Taq DNA 聚合酶 ST111（2×GS Taq PCR mix）。卡那霉素溶液（50mg/mL）。壮观霉素溶液（50mg/mL）。IPTG 溶液（1mol/L）。

3.设备

PCR 仪器。摇床。恒温培养箱。

四、实验流程

① 按照第五章第一节菌落 PCR 流程配制反应液，以 recA-F1、recX-R 为引物进行菌落 PCR 扩增（*recA* 未敲除的扩增目的片段长度 1500bp，敲除成功的扩增目的片段约 860bp）。

② 按照第二章第四节进行样品大小测定。

③ 挑取鉴定大小正确的菌落至 5mL 含有终浓度 50 μg/mL 卡那霉素的 LB 培养基中过夜培养，然后分别利用引物 recA-F1、recX-R，recA-F1、recA-R2 进行菌体 PCR 扩增，以再次确定基因是否敲除成功。

④ 选取敲除成功的菌落至含有终浓度 50 μg/mL 卡那霉素的 LB 液体培养基中，加入终浓度 0.8mmol/L 的 IPTG，于 30℃、200r/min 过夜培养。

⑤ 在含有终浓度 50 μg/mL 卡那霉素溶液的 LB 固体培养基上划线，于 30℃恒温培养箱过夜培养。

⑥ 对能够正常生长的菌落进行标号，同时按照标记的顺序依次取少量单菌落至含有终浓度 50 μg/mL 壮观霉素的 LB 固体培养平板上，于 30℃恒温培养箱过夜。

⑦ 挑取在含有终浓度 50 μg/mL 壮观霉素的 LB 固体培养平板上不生长、在含有终浓度 50 μg/mL 卡那霉素的 LB 固体培养基上生长的菌落至 5mL LB 液体培养基中，不添加任何抗生素进行 42℃摇床过夜培养。

⑧ 在无抗性的 LB 固体平板上划线分离单菌落，并放置于 37℃恒温培养。

⑨ 将正常生长的菌落进行标号，同时按照标记的顺序依次取少量单菌落至含有终浓度 50 μg/mL 卡那霉素的 LB 固体培养平板上，于 37℃恒温培养箱过夜培养。

⑩ 挑取在含有终浓度 50 μg/mL 卡那霉素的 LB 固体培养平板上不长、在无抗性的 LB 固体平板上正常生长的单菌落进行后续操作（培养、保种）。

五、注意事项

① 实验流程中步骤①~⑦为去除 pCas 质粒流程，如果后续需要保留只含有 pCas 的质粒于宿主中（进行下一步敲除），后续步骤⑧~⑩可以省略。

② 在进行去除 pTargetF 质粒的过程中，抗生素只添加卡那霉素，不

能再添加壮观霉素。在去除 pCas 过程中，卡那霉素不再添加。

六、思考题

① 进行菌落 PCR 过程中，引物可以选择构建打靶片段用的 recA-F1、recA-R2 进行吗？如果使用有什么影响？

② 菌落 PCR 验证正确的，为何还要再次进行一次菌体 PCR 验证？

第三节
CRISPR 基因抑制

一、实验目的

掌握基于 CRISPR-dCas9 的基因抑制原理及流程。

二、实验原理

Cas9 蛋白由 RuvC 及 HNH 两个核酸酶活性区域构成，在 sgRNA 作用下行使切割功能。dCas9 是 Cas9 的突变体（D10A，H840A），保留被 sgRNA 引导的功能，但是剪切酶活力丧失。当 dCas9 在 sgRNA 引导下移至启动子下游基因内部，就会影响到启动子的正常转录，降低转录水平（图 7-5）。

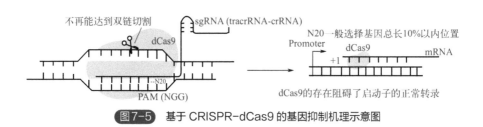

图 7-5 基于 CRISPR-dCas9 的基因抑制机理示意图

三、实验材料、试剂与设备

1. 实验材料

第一章第三节制备 DH5α 电转化感受态细胞。pCRISPathBrick（Addgene

#65006，p15A ori，Cm^r，Pcas-dCas9）。第七章第一节基因敲除 $RecA$ 构建的 pTargetF-recA，无 N20 的 pTargetF 质粒。

引物 SYSB-recAF：cgcagcgcagcgtgaaggtaaa。

引物 SYSB-recAR：cgccagggcgtcacagattt。

引物 SYSB-cysG-F：ttgtcggcggtggtgatgtc。

引物 SYSB-cysG-R：atgcggtgaactgtggaataaacg。

2. 试剂

金沙生物 RNA 提取试剂盒（#RE716）。金沙生物荧光定量 PCR 试剂盒（#SQ410，SYBR Green）。无菌去离子水（预冷）。LB 液体培养基（见附录一）。氯霉素溶液（25mg/mL）。壮观霉素溶液（50mg/mL）。

3. 设备

荧光定量 PCR 仪，电穿孔仪，电转化杯。

四、实验流程

① 按照第一章第四节电转化感受态转化方法同步进行 pCRISPathBrick、pTargetF-recA 以及 pCRISPathBrick、pTargetF 的转化，然后涂布于含有终浓度 25μg/mL 氯霉素以及 25μg/mL 壮观霉素的 LB 固体平板上。

② 分别挑取单菌落至含有终浓度 25μg/mL 氯霉素以及 25μg/mL 壮观霉素的 5mL LB 液体培养基中过夜培养。

③ 分别按照 1mL/100mL 的接种量转接至相同抗生素浓度的 5mL LB 液体培养基中。

④ 至菌体生长达到对数期的中后期，收集菌体，然后按照金沙生物 RNA 提取试剂盒流程进行 RNA 提取。

⑤ 按照金沙生物荧光定量 PCR 试剂盒流程，以 SYSB-recAF、SYSB-recAR 为引物，以含有 pCRISPathBrick、pTargetF-recA 的大肠杆菌 RNA 作

为模板进行 *recA* 转录水平测定，得出 Ct_1 值。同时以 SYSB-cysG-F、SYSB-cysG-R 为引物进行该模板管家基因 *cysG* 的转录水平测定，得出 Ct_2 值。

⑥ 按照金沙生物荧光定量 PCR 试剂盒流程，以 SYSB-recAF、SYSB-recAR 为引物，以含有 pCRISPathBrick、pTargetF 的大肠杆菌 RNA 作为对照进行 *recA* 转录水平测定，得出 Ct_3 值。同时以 SYSB-cysG-F、SYSB-cysG-R 为引物进行该模板管家基因 *cysG* 的转录水平测定，得出 Ct_4 值。

⑦ 按照 $2^{-\triangle\triangle Ct}$ 方法 [$\triangle Ct=Ct$（目的基因）$-Ct$（管家基因）] 计算 *recA* 基因在不同宿主中的转录水平，然后进行实验组与对照组的对比，具体如下方程：

$$\triangle Ct_1=Ct_1-Ct_2 \quad \triangle Ct_2=Ct_3-Ct_4$$
$$-\triangle\triangle Ct=-(\triangle Ct_1-\triangle Ct_2)$$

五、注意事项

① 实验过程需要有对照，本实验以同时含有相同骨架，但是没有 N20 序列的质粒作为对照。

② *cysG* 作为管家基因进行内参比较，以此来进行相对转录水平的测定。

③ 该步骤流程提供的 pCRISPathBrick、pTargetF 载体均为组成型表达，根据不同实验需要，后续可以构建诱导型载体。

④ 利用 $2^{-\triangle\triangle Ct}$ 方法计算相对转录水平，然后进行实验组与对照组比较，可以按照实验需要设定数值大于 1.2 为上调，小于 0.8 为下调，以避免误差影响。

六、思考题

① 该实验流程是同时进行两个质粒的共转化，其与先单独转化一个质粒、再转化另外一个质粒的实验流程区别大吗？

② 为何要找管家基因，直接测定 *recA* 转录水平变化可以吗？

第四节
CRISPR 基因激活

一、实验目的

掌握基于 dCas9 连接可招募 RNA 聚合酶激活因子进行基因激活实验原理及流程。

二、实验原理

dCas9 是 Cas9 的突变体，保留被 sgRNA 引导的功能，但是剪切酶活力丧失。通过连接可以招募 RNA 聚合酶的激活因子（SoxS），将其引导至启动子附近，便可以达到提高转录水平的目的。其中 dCas9 的位置多处于启动子 +1 位上游模板链 80 ~ 90bp，非模板链 60 ~ 80bp 位置（图 7-6）。

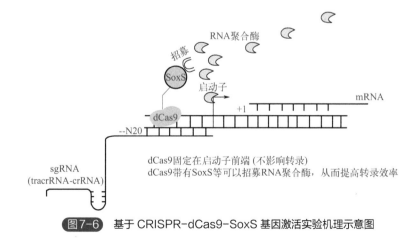

图7-6　基于 CRISPR-dCas9-SoxS 基因激活实验机理示意图

三、实验材料、试剂与设备

1. 实验材料

第一章第一节利用化学法制备的 DH5α 感受态细胞。第一章第三节制备的 DH5α 电转化感受态细胞。pCRISPathBrick（Addgene #65006，p15A ori，Cm^r，Pcas-dCas9）。pTargetF（Addgene plasmid #62226，pMB1，aadA^r，sgRNA）。

引物 SYSB-recAF：cgcagcgcagcgtgaaggtaaa。

引物 SYSB-recAR：cgccagggcgtcacagattt。

引物 SYSB-cysG-F：ttgtcggcggtggtgatgtc。

引物 SYSB-cysG-R：atgcggtgaactgtggaataaacg。

Target-F2：atg<u>actagt</u>cttcagcggcgaccgtgatggttttagagctagaaatag（保护碱基 -Spe I 酶切位点 -N20-gRNA 重叠区）。

Target-R：atg<u>actagt</u>attataccaggactgag（保护碱基 -Spe I 酶切位点）。

2. 试剂

无菌去离子水（预冷）。LB 培养基。金沙生物 S4 聚合酶 SF212。金沙 RNA 提取试剂盒（#RE716）。金沙荧光定量 PCR 试剂盒（#SQ410，SYBR Green），氯霉素溶液（25mg/mL）。壮观霉素溶液（50mg/mL）。

3. 设备

PCR 仪器。摇床。恒温培养箱。

四、实验流程

① 设计引物 Target-F2、Target-R。

② 以 pTargetF 为模板，以 Target-F2、Target-R 为引物进行 PCR 扩增，得到两端带有 Spe I 酶切位点的线性载体。

③ 按照第四章第一节进行 *Dpn* I 处理，按照第四章第二节及第三节进行 *Spe* I 的酶切以及连接处理。

④ 按照第一章第二节化学转化方法进行转化，挑取过夜培养的 2 ~ 4 个菌进行培养，并提取质粒进行测序验证，经验证正确添加了 N20 的质粒命名 pTargetF-recA2（构建流程见图 7-3）。

⑤ 按照第七章第三节流程，同步转化 pCRISPathBrick、pTargetF-recA2 以及 pCRISPathBrick、pTargetF 于 DH5α 细胞中，同时涂布在含有终浓度 25 μg/mL 氯霉素以及 25 μg/mL 壮观霉素的固体培养基中，并挑取单菌落培养。

⑥ 将培养的菌种按照 1mL/100mL 接种量转接至含有终浓度 25 μg/mL 氯霉素以及 50 μg/mL 壮观霉素的 5mL LB 液体培养基中。

⑦ 至菌体生长达到对数期的中后期，收集菌体，然后按照金沙 RNA 提取试剂盒流程进行 RNA 提取。

⑧ 按照金沙荧光定量 PCR 试剂盒流程，以 SYSB-recAF、SYSB-recAR 为引物，以含有 pCRISPathBrick、pTargetF-recA2 的大肠杆菌 RNA 作为模板进行 *recA* 转录水平测定，得出 Ct_1 值。同时以 SYSB-cysG-F、SYSB-cysG-R 为引物进行该模板管家基因 *cysG* 的转录水平测定，得出 Ct_2 值。

⑨ 按照金沙荧光定量 PCR 试剂盒流程，以 SYSB-recAF、SYSB-recAR 为引物，以含有 pCRISPathBrick、pTargetF 的大肠杆菌 RNA 作为对照进行 *recA* 转录水平测定，得出 Ct_3 值。同时以 SYSB-cysG-F、SYSB-cysG-R 为引物进行该模板管家基因 *cysG* 的转录水平测定，得出 Ct_4 值。

⑩ 按照 $2^{-\Delta\Delta Ct}$ 方法计算 *recA* 基因在不同宿主中的转录水平，然后进行实验组与对照组的对比。

五、注意事项

① N20 是位于启动子上游，既不能影响该启动子转录，也不能影响

上游基因片段。

② 本次选用的激活因子是 SoxS，可以更换为其他具有招募 RNA 聚合酶功能的激活因子。

③ 基因上调水平同样可以按照第七章第三节 $2^{-\Delta\Delta C_t}$ 公式加以计算。

六、思考题

① 基于 CRISPR-dCas9 的激活和抑制有何区别？

② 激活实验流程中，N20 为何要强调在启动子上游一定范围？

常用培养
基配方

▲▲▲▲▲▲

①LB 液体培养基：称取 1g NaCl 溶液、1g 胰蛋白胨溶液、0.5g 酵母提取物溶液溶于 80mL 蒸馏水，待完全溶解后定容至 100mL，用 NaOH 调 pH 至 7.0，高压灭菌。

②SOC 培养基：称取 2g 胰蛋白胨，0.5g 酵母提取物，0.05g NaCl，0.019g KCl，0.095g $MgCl_2$ 溶液，0.36g 葡萄糖溶液，待完全溶解后定容至 100mL 调 pH 至 7.0。

常用限制
性内切酶

▲▲▲▲▲▲▲

以 NEB 或 Thermofish 常用的限制性核酸内切酶为例。

附表 1 常用的限制性核酸内切酶特性

名称	识别序列	反应温度 /℃	热失活条件	无星号活性孵育时间 /h
Aat II	GACGT ↓ C	37	80℃，5min	16
Apa I	GGGCC ↓ C	37	65℃，5min	16
*Bam*H I	G ↓ GATCC	37	80℃，5min	1
Bgl II	A ↓ GATCT	37	无	16
*Eco*R I	G ↓ AATTC	37	80℃，5min	0.5
Hind III	A ↓ AGCTT	37	80℃，10min	16
Kpn I	GGTAC ↓ C	37	80℃，5min	16
Mlu I	A ↓ CGCGT	37	80℃，5min	16
Nco I	C ↓ CATGG	37	65℃，15min	16
Nde I	CA ↓ TATG	37	65℃，5min	6
Nhe I	G ↓ CTAGC	37	65℃，5min	6
Not I	GC ↓ GGCCGC	37	80℃，5min	16
Pst I	CTGCA ↓ G	37	无	16
Sac I	GAGCT ↓ C	37	65℃，5min	16
Sal I	G ↓ TCGAC	37	65℃，10min	16
Sma I	CCC ↓ GGG	37	65℃，5min	16
Xba I	T ↓ CTAGA	37	65℃，20min	16
Xho I	C ↓ TCGAG	37	80℃，5min	16

注：↓表示切割位点。

思考题
参考答案

第一章第一节

① 在感受态细胞制备成功后，可以通过转化 $1\mu L$ 浓度在 $20 \sim 50\mu g/\mu L$ 的质粒验证效率，转化子个数在 10^5 个以上时，可用于后续载体构建。

② 实验证明制备 DH5α 感受态细胞最佳接种量是 1mL/100mL。连接载体中含有大量离子，对于感受态细胞影响较大，对转化效率要求较高。单纯用于质粒转化的感受态细胞对于菌种的接种量没有过多要求。

③ 制备高转化率的感受态细胞有如下几个要点：

a. 配制感受态细胞用水尽量使用高质量的超纯水（水中残留的大量离子，如 Cl^- 会对感受态细胞造成影响）。

b. 实验研究发现，在感受态细胞培养过程中，使用含有 0.1g/100mL 氯化镁或硫酸镁的 LB 液体培养基进行菌体培养可以提高制备效率。

c. 在感受态细胞制备过程中，要尽量全程低温（使细胞处于迟钝状态，减缓新生细胞繁殖）。

d. 收集细胞过程中转速和时间要保持在一定范围，转速高、时间要短（避免离心力增加，导致细胞变形死亡），转速低时可以延长离心时间。

④ 随机取出 1 管感受态细胞，均匀涂布到含有终浓度 $100\mu g/100mL$ 氨苄青霉素的 LB 固体培养基中，37℃培养过夜观察是否有菌落长出。实验过程中造成的染菌多数是因为霉菌产生可移动的孢子萌发，氨苄青霉素对真菌不具有抑制作用，而对大肠杆菌有抑制作用。

第一章第二节

① 感受态细胞转化加入外源物质的量一般不超过整个体系的 1/10。转化质粒过程中，加入质粒量过多，容易造成转化子个数较多，最后无法

挑取单菌落。

② 研究发现，热激法进行感受态细胞的转化，42℃效果最佳，温度过低或者过高都会造成转化效率降低。

第一章第三节

① 瞬时的高压可能会造成细胞周围温度升高，导致大量死亡，所以需要提高菌体浓度。

② 离子的存在会对电穿孔仪的电压及电流产生影响，造成转化效率降低。常用的无菌自来水含有大量离子，不能更换。

第一章第四节

① 复苏培养基加入范围一般在 1mL 以内。培养基加入量过多会造成转化用的 1.5mL 离心管中溶氧量降低；培养基加入量过少容易造成菌体培养拥挤，产生溶氧及养分竞争，不利于菌体复苏。如果复苏培养基加入量过多，实验中可以采取低速离心，去掉部分上清液。

② 利用电转化制备感受态细胞中需要避免的是离子的存在及影响，第四章载体构建过程中需要用到大量的离子，所以凡是有大量离子参与的连接反应都不可以直接进行电转化（需要进一步纯化去除离子）。

第二章第一节

① PCR 引物同样是由 A、T、C、G 组成，A 与 T、C 与 G 的连接是自发进行的。实验过程引物加入过多，容易造成引物间相互配对，形成引物二聚体（在进行 PCR 产物琼脂糖凝胶验证时，常见的凝胶底部较小的亮条带便是）。

② PCR 扩增出现非特异性条带说明引物与模板的匹配度出现了问题（在非目标区域进行了结合），可以通过提高退火温度解决（可采用梯度扩增）。

③ 考虑到酶催化底物存在最适温度，在非最适温度同样具有酶活力而造成非特异条带形成，为此目前常用聚合酶进行了包埋等固定化处理，制备成了热启动酶。预变性过程是可以解除聚合酶早期的限制进行热启动。

实验过程中考虑到部分酶长度较长，DNA 聚合酶以及 PCR 仪器设备等可能造成 PCR 过程出现匹配不完整等现象，在 PCR 最后流程添加了延伸流程，方便 PCR 产物的完整匹配。

第二章第二节

① T_m 值只是一种参考，遇到不匹配长度的引物，可以按照 55℃进行 PCR 扩增，实验中遇到非特异性条带，再进行退火温度的调整。

② 进行第二次 PCR 过程之前进行 PCR 纯化是为了去除第一次扩增过程中使用的引物，如果不加以去除，会造成第一步 PCR 过程的继续进行，影响第二步重叠延伸 PCR 过程。

第二章第三节

① 利用 PCR 进行定点突变是根据 DNA 聚合酶利用引物进行扩增得以实现的，虽然可以连续进行片段的延伸，但是却不能使得碱基片段之间

连接，所以才会留下缺口。

② 实验研究证明，多个碱基突变或者删除，同样可以按照该实验流程进行。

第二章第四节

① 核酸是由五碳糖、含 N 碱基以及磷酸基团组成。磷酸基团外露才造成了核酸带负电。核酸必须在偏碱性环境下才会造成磷酸基团外露，带负电。所以进行琼脂糖凝胶跑胶过程中，使用的 TAE 溶液，以实现偏碱性环境。

② 琼脂糖凝胶跑胶后如果发现核酸条带没有分离开，可以放到电泳槽中重新跑胶。

③ 6× 代表可以稀释的浓度，例：5μL 的样品，可以取 1μL 的上样缓冲液，总体积是 6μL。

④ 判断琼脂糖凝胶融化程度是否合适可以通过摇晃观察是有沙粒状物质存在。如果有大量颗粒状物质存在说明该琼脂糖凝胶溶解不彻底。会造成由琼脂糖凝胶所形成的孔道不通顺，影响核酸通行，影响核酸大小判断，因此不能够被正常使用。

⑤ 琼脂糖凝胶放置于电泳槽中，两端加有电压。通电后正常运行的琼脂糖凝胶两端会产生上浮的气泡。

第三章第一节

① 通过调低 pH 可以使得核酸挂载在硅基质膜上，为此添加适量稀盐酸是可行的。

② 乙醇由于可以任意比溶于水，乙醇残留会影响核酸溶于水被洗脱下来的量。可以短时暂停，使得乙醇自由挥发，也可以放置温度略高的容器内以提高乙醇挥发速率。

第三章第二节

① 碱裂解法提取质粒，在加入强碱后细胞破碎，除了目标质粒外露，基因组同样外露。在加入溶液Ⅲ进行中和后，由于质粒较小容易完全恢复双链，基因组较大不容易完全恢复双链，容易与蛋白质等交联，最后可通过离心去除。如果细胞破碎后剧烈震荡，会造成基因组断裂。在加入酸性溶液中和后，断裂的短片段会恢复双链混合于质粒中，在后续进行琼脂糖凝胶过程中出现大量非质粒条带。

② 碱裂解法提取质粒主要针对大肠杆菌类原核生物，细胞破碎后，细胞内部的多糖等黏稠物质出现。如果加入溶液Ⅱ后没有出现部分澄清或者黏稠现象，说明该菌株不是目标菌株。

第三章第三节

① 乙醇沉淀法可以去除水分及部分可溶于乙醇的物质，PCR 混合物中如果存在不溶于乙醇的物质，会像核酸类物质一样被沉淀不被去除。所以该方法的主要弊端便是无法去除不溶于乙醇的物质，对后续实验可能会造成一定影响。

② 物质在水中多数带负电，同类分子由于带相同电荷会产生排斥现

象。醋酸钠的加入可以对同类核酸分子负电荷产生中和作用，使得物质聚集。

第三章第四节

① 溶胶液较为黏稠，通过多次加入可以有效避免因小颗粒的存在而堵塞硅基质膜。

② 溶胶过程不彻底会导致凝胶堵塞硅基质膜，在经过第五步之后，可以将依然留存的凝胶块去除，继续下一步实验。

第四章第一节

① 在配置 *Dpn* I 消化模板反应液的时候，不经意间会将枪头碰壁或者产生气泡（气泡破碎喷溅管壁上），加入的 *Dpn* I 如果未能与全部模板结合，会造成管壁上的模板残留，即便是 pmol/L 模板浓度也会造成大量假阳性菌落生成所以需要短暂的快速离心。

② 模板消化后的下一步实验是酶切，一般酶切体系设置在 100 μL。其中使用酶量是 2 μL，反应缓冲液是 10×。为此，直接加入 88 μL 溶液（用洗脱液做反应液）洗脱既可以避免后续加入溶液稀释定容，而且可以使洗脱充分（离心过程的损失可以忽略不计，酶切体系要求并非完全十分严格）。

③ 该步骤并非必须。模板的消化是为了避免对下一步实验的影响。本实验过程中如果所选择的模板不是 pZEA-mCherry，而是不具有氨苄青霉素抗性筛选标记的载体（与需要连接的 pQE30 载体抗性不相同），作为模板造成的 DNA 残留不会造成假阳性，是可以不用进行消化模板流程的。

第四章第二节

① 酶切之后的实验是利用连接酶进行核酸片段的连接。连接体系一般是 10 μL（因为加入感受态细胞的外源物体积不超过感受态细胞的 1/10）。用量少，因此需要尽可能增加反应液中 DNA 的浓度，提高片段撞击频率，从而提高连接效率。25 ~ 30 μL 洗脱液是可以覆盖硅基质膜的最低量（用量过多造成核酸浓度低用量少造成洗脱不完全）为了进步一次防止洗脱遗漏，可以将离心下来的核酸收集液再次加入原硅基质膜中，重复离心收集。

② 限制性内切酶存在星号活性，两种不同星号活性的酶共同作用，需要按照时限较短的限制性内切酶进行。

第四章第三节

① 酶的使用量依据酶的活力而定，目前取 1μL T4 DNA 连接酶，其活力已经足够。如果不考虑连接成本，其用量增加到 2μL 也可以。

② 将连接产物放于冰上或者 4℃冰箱，同样可以得到连接效果，只是效率有所降低。

③ 连接时间一般不超过 16h。决定其时限的原因：一是连接酶的活力；二是核酸酶无处不在，在进行连接实验的过程中同样会造成连接产物流失。

第四章第四节

① 按照 Taq DNA 聚合酶活性（10 ~ 15s/kb），72 ℃下处理 30min 已经可以做到远远超过片段长度的延伸，增加时间或者稍减少时间都不影响。

② 本实验由于没有引物作用，只是为了在原目标片段上加 A，所以实验中主要需要的是 dATP，其他物质的加入与否并不影响实验。

第五章第一节

① 从配置到分装会有试剂损耗，所以在配制溶液的过程中，需要多配置 2 ~ 3 个样品的反应液的量。

② 由于菌落 PCR 反应体积只有 20μL，所以菌体蘸取过多会对 PCR 反应体系造成影响。PCR 流程所需要的模板在 pmol/L 级别便可以，所以蘸取的菌落无需过多。

③ 不可以。高保真的 S4 DNA 聚合酶对模板及反应体系的要求较高，容易受其影响而导致扩增失败。

第五章第二节

① X-Gal 见光分解，如果没有避光培养将失去作用，无法与不加 X-Gal 时的菌落产生区别。

② 实验证明多克隆位点（MCS）由于序列较短，不影响原有 *LacZ* 基因功能。

第五章第三节

① 不需要。构建载体的目的是获得目标蛋白，如果已经正确表达，无需菌落 PCR 验证，可以直接挑取进行菌株保种。

② 不可以。克隆载体与表达载体的主要区别就是没有表达元件（启动子 - 核糖体结合位点 - 终止子）。克隆载体无法实现目标蛋白的表达。

第五章第四节

① 条带偏小，可能是目标片段在最初进行 PCR 扩增的时候就偏小，具体原因包括 PCR 过程中非目标条带的扩增或者是酶切过程中产生星号

活性而造成非特异性切割（实验发现，在酶切 - 连接过程中，片段的连接优先偏向于短片段连接）。

② 条带偏大可能是目标片段在最初进行 PCR 扩增时就偏大，具体原因包括 PCR 过程中非目标条带的扩增等。

③ 选取载体的重鉴定目的只是为了再次确定，通过双酶切实验后是否能够获得与连接的目标片段大小一致的条带。考虑到切割时间、用酶损耗以及最后的琼脂糖凝胶跑胶验证，设定酶切体系 20μL，时间 10 ～ 15min 已经足够。

第六章第一节

① 大肠杆菌每间隔 20 分钟传一代，生长过程符合"迟缓期、对数期、稳定期、衰亡期"规律。接种量的提高有利于提高菌体初步增长的速率，但由于后续竞争以及部分菌种提前到达衰亡期，并不会增加太多的菌体量，蛋白质表达量也不一定有提高。相反由于部分菌体提前进入衰亡期，蛋白质表达量可能会降低。

延长表达时间理论上是可行的，不过前提是细胞内部存储空间没有达到饱和。除此之外，还可以通过增加溶氧、降低温度等方式提高蛋白质表达量。

② IPTG 作为诱导物，有最佳的诱导浓度（需要通过实验摸索），并非越多越好。另外，IPTG 具有毒性，且价格昂贵。

③ 具有遗传效应的 DNA 片段叫基因。基因表达必需的元件有：启动子（起始转录）、核糖体结合位点（用于翻译）、终止子（转录停止）。

第六章第二节

① 超声破胞过程中会局部产热，造成蛋白质变性，所以需要冰浴。

② 使用 0mmol/L 咪唑作为破胞裂解液也可以。但是考虑到 6His 标签与镍填料的结合力肯定是 10mmol/L 咪唑所无法打断的。为此，提前按照 10mmol/L 咪唑作为破胞裂解液可以初步去除部分杂蛋白。

第六章第三节

① 有。粗酶液是经过超声破碎获得，但是超声破碎可能造成细胞的不完全破碎以及细胞内包涵体、变性蛋白的存在，如果不经过高速离心，不溶物会堵塞填料柱。

② 可以。但是前提是经过充分洗涤，避免蛋白质残留。

第六章第四节

① 蛋白胶放置于垂直电泳槽中，上下两端加有电压（上端负极、下端正极），正常运行时，会有从底部上浮的气泡。

② 聚丙烯酰胺凝胶指的是由丙烯酰胺作为单体，以次甲基双丙烯酰胺为交联剂，由四甲基乙二胺催化，通过游离基引发（光引发、化学引发等）聚合而成的交联聚丙烯酰胺。琼脂糖凝胶是以琼脂糖为支撑介质制备的凝胶。琼脂糖原本是从海藻中提取出来的一种线状高聚物。后续通过人工化学修饰得到低熔点的琼脂糖，通过加热（62 ~ 65℃）可以溶于水，待冷却后（至30℃）形成具有孔道结构的一种固体基质。聚丙烯酰胺凝胶通过增加交联剂来缩小孔隙，机械性能好，不易受温度、pH 等影响，多用于蛋白质，寡核苷酸等分子量较小的分子的分离鉴定。琼脂糖凝胶通过增加琼脂糖浓度来调节其内部网状疏密度，容易受到温度等影响。多用于大分子 DNA、RNA 等生物分子的分离鉴定。

③ 去掉 3 个终子密码子后可形成 237 个氨基酸，氨基酸平均分子量 128Da，按照公式计算，即：

$$(714-3) \div 3 \times 128 - [(714-3) \div 3 - 1] \times 18 = 26088Da$$

第七章第一节

① 该步骤是本书作者经长期实验得出结论，并非必须。目前的理解是：重复添加 10μL 阿拉伯糖诱导物可避免因感受态制备过程中的洗涤而造成重组酶缺失；在复苏过程中增加重组酶的表达，提高重组效率。

② 阿拉伯糖在此的目的是诱导重组酶表达。虽然诱导物添加有最佳浓度，不过由于阿拉伯糖是可代谢糖（会被微生物利用），因此适量增加的阿拉伯糖浓度不影响。

第七章第二节

① 不可以。recA-F1、recA-R2 是为了制备打靶片段用。在打靶过程中，打靶片段是过量的，后续没有进入细胞内参与打靶的部分会残留在平板上，对菌落 PCR 造成影响（pmol/L 模板便会造成影响）。所以一般需要选用一条引物匹配染色体，一条引物匹配打靶片段内部。对于基因敲除，可以同时选用两条都匹配染色体的引物。

② 第一次菌落 PCR 是为了初步筛选，但是由于所用 Taq 酶保真度不高、引物残留等影响因素，难免出现非目标条带扩增引起假阳性。为此需要再进行一次菌体 PCR 扩增。

第七章第三节

① 从实验流程上考虑，同时转化两个质粒或者先转化一个质粒、再制备感受态细胞转化另外一个质粒没有区别，只要是能够转进去都可以。

② 本实验是进行相对表达量测定。通过管家基因的测定（管家基因在体内表达较为稳定），得到各自相对表达量，再进行比较。直接进行 *recA* 转录水平的测定会由于生长环境、生长指标不相同而造成无法比较，所以一般采用相对转录水平进行比较。

第七章第四节

① 基于 CRISPR-dCas9 的激活和抑制所需要的 N20 设计原则相同，但是所取的 N20 位置不同。dCas9 蛋白已经不具备切割功能，只具有单纯的结合能力。通过在基因内部设置 N20，可以影响转录的过程，起到抑制目的。通过在启动子上游设置 N20（不影响启动子转录），借助 dCas9 蛋白所附带的 RNA 聚合酶招募因子作用，使得 RNA 聚合酶聚集，提高启动子转录水平。

② N20 的选择范围是在启动子 +1 位（转录起始位点）上游模板链 80 ~ 90bp 或者非模板链 60 ~ 80bp 位置，借助 dCas9 蛋白所附带的 RNA 聚合酶招募因子（SoxS）作用，使得 RNA 聚合酶聚集，提高启动子转录水平。RNA 聚合酶聚集提高启动子效率的关键在于合适的距离（距离太远起不到促进转录的效果，距离太近会对启动子转录造成影响）。合适的最佳距离才能够最大化地提高启动子的转录水平。

参 考 文 献

[1] 刘建忠. 合成生物学 [M]. 北京：科学出版社，2024.

[2] 李春. 合成生物学 [M]. 北京：化学工业出版社，2019.

[3] F.M. 奥斯伯，奥斯伯，布伦特，等. 精编分子生物学实验指南 [M]. 北京：科学出版社，2008.

[4] Sambrook J，Fritsch E F，Maniatis T.Molecular cloning：A laboratory manual[M].2nd edition. NewYork：Cold Spring Harbor Laboratory Press，1998：49-55.

[5] ZHENG L，BAUMANN U，REYMOND J L.An efficient one-step site-directed and site-saturation mutagenesis protocol [J].Nucleic Acids Research，2004，32（14）：e115.

[6] TAN S C，YIAP B C.DNA，RNA，and protein extraction：the past and the present [J].Journal of Biomedicine and Biotechnology，2009.DOI：10.1155/2009/574398.

[7] MULLIS K B，FERRé F，GIBBS R A.The Polymerase Chain Reaction [M].Berlin：Springer，1994.

[8] INGLEHART J，NELSON P C.On the limitations of automated restriction mapping [J].Comput Appl Biosci，1994，10（3）：249-261.

[9] PORATH J.IMAC—Immobilized metal ion affinity based chromatography [J].Trends in Analytical Chemistry，1988，7（7）：254-259.

[10] JIANG Y，CHEN B，DUAN C，et al.Multigene editing in the Escherichia coli genome via the CRISPR-Cas9 system [J].Appl Environ Microbiol，2015，81（7）：2506-2514.

[11] CRESS B F，TOPARLAK O D，GULERIA S，et al.CRISPathBrick：Modular Combinatorial Assembly of Type II-A CRISPR Arrays for dCas9-Mediated Multiplex Transcriptional Repression in E.coli[J].ACS Synth Biol，2015，4（9）：987-1000.

[12] NIU F X，HUANG Y B，JI L N，et al.Genomic and transcriptional changes in response to pinene tolerance and overproduction in evolved Escherichia coli [J].Synthetic and Systems Biotechnology，2019，4（3）：113-119.

[13] DONG C，FONTANA J，PATEL A，et al.Synthetic CRISPR-Cas gene activators for transcriptional reprogramming in bacteria [J].2018，9（1）：2489.

[14] LIVAK K J，SCHMITTGEN T D.Analysis of relative gene expression data using real-time quantitative PCR and the 2-$\Delta\Delta$CT method [J].Methods，2001，25（4）：402-408.